Steuerungsinterne Korrektur thermisch bedingter Strukturverformungen von Bearbeitungszentren

Von der Fakultät für Maschinenwesen
der Rheinisch-Westfälischen Technischen Hochschule Aachen
zur Erlangung des akademischen Grades eines
Doktors der Ingenieurwissenschaften
genehmigte Dissertation

vorgelegt von

Adam Wissmann

Berichter:

Univ.-Prof. Dr.-Ing. Christian Brecher
Priv.-Doz. Dr.-Ing. Welf-Guntram Drossel

Tag der mündlichen Prüfung: 18. März 2014

AF799258

ERGEBNISSE AUS DER PRODUKTIONSTECHNIK

Adam Wissmann

Steuerungsinterne Korrektur thermisch bedingter Strukturverformungen von Bearbeitungszentren

Herausgeber:
Prof. Dr.-Ing. Dr.-Ing. E.h. Dr. h.c. Dr. h.c. F. Klocke
Prof. Dr.-Ing. Dipl.-Wirt.Ing. G. Schuh
Prof. Dr.-Ing. C. Brecher
Prof. Dr.-Ing. R. H. Schmitt

Band 24/2014

WZL
RWTH AACHEN

Fraunhofer
IPT

Bibliografische Information der Deutschen Nationalbibliothek
Die Deutsche Nationalbibliothek verzeichnet diese Publikation in der Deutschen Nationalbibliografie; detaillierte bibliografische Daten sind im Internet über http://dnb.ddb.de abrufbar.

Adam Wissmann:

Steuerungsinterne Korrektur thermisch bedingter Strukturverformungen von Bearbeitungszentren

1. Auflage, 2014

Gedruckt auf holz- und säurefreiem Papier, 100% chlorfrei gebleicht.

Apprimus Verlag, Aachen, 2014
Wissenschaftsverlag des Instituts für Industriekommunikation und Fachmedien an der RWTH Aachen
Steinbachstr. 25, 52074 Aachen
Internet: www.apprimus-verlag.de, E-Mail: info@apprimus-verlag.de

Druck: KN Digital Printforce GmbH, Stuttgart

ISBN 978-3-86359-219-6

D 82 (Diss. RWTH Aachen University, 2014)

Vorwort

Die vorliegende Arbeit entstand während meiner Tätigkeit als wissenschaftlicher Mitarbeiter am Werkzeugmaschinenlabor (WZL) der Rheinisch-Westfälischen Technischen Hochschule in Aachen.

Mein besonderer Dank gilt meinem Doktorvater, Herrn Professor Christian Brecher, der mir diese Arbeit ermöglichte. Seine fachlichen Anregungen und Beiträge trugen maßgeblich zum Gelingen dieser Arbeit bei. Für die Übernahme des Vorsitzes meines Promotionsverfahrens danke ich Herrn Professor Peter Loosen. Bei Herrn Priv.-Doz. Dr.-Ing. Welf-Guntram Drossel bedanke ich mich für die Übernahme des Koreferats.

Zahlreiche Mitarbeiterinnen und Mitarbeiter des WZL haben ihren Beitrag zum Gelingen dieser Arbeit geleistet. Mein Dank gilt Herrn Leo Teschers und seinem Team in der mechanischen Werkstatt für die Fertigung der Belastungseinheit. Für die technische Unterstützung bedanke ich mich bei den Herren Hans-Willi Thomas, Alfred Schmitz, Johannes Windelen und Karsten Meier. Mein ganz besonderer Dank gilt Herrn Axel Kaunzner. Für die jahrelange Mitarbeit danke ich meinen Hiwis: Herrn Xiangbei Luo, Herrn Rongshun Zhang, Frau Tamara Drewes und vor allem Herrn Ingo Laut. Für die sehr gute Zusammenarbeit danke ich den folgenden Kolleginnen und Kollegen: Rico Gros, Alexander Guralnik, Andrea von Hagen, Stefan Hentschel, Dr. Werner Herfs, Thomas Jansen, Andreas Koch, Günter Körner, Tobias Breitbach, Dr. Wieland Klein, Marco Tannert, Birk Brockmann, Dr. Yuri Trofimov, Thomas Wolf, Matthias Wennemer, Dr. Benedikt Sitte, Stephan Bäumler, Michael Piek, Johannes Triebs, Dr. Dodwell Manoharan und Dr. Stephan Witt.

Für die wertvolle Durchsicht des Manuskripts und die zahlreichen, wertvollen Anregungen bedanke ich mich bei Herrn Dr. Severin Hannig und Frau Dorothea Haber. Mein ganz besonderer Dank gilt Herrn Dr. Falco Paepenmüller, ohne den die vorliegende Arbeit nicht möglich gewesen wäre.

Herrn Dr. Martin Kunc und seiner Ehefrau Adela danke ich für die unvergesslichen Momente in Aachen und die gemeinsame Motorradtour durch die USA.

Meiner Mutter und meinen Großeltern Ewald und Hildegard Piechullek, die meinen Bildungsweg ermöglicht haben und mich während der gesamten Ausbildung förderten, gebührt meine herzliche Dankbarkeit. Dem Ehemann meiner Mutter, Herrn Manfred Johanning, danke ich für seinen wertvollen Beistand.

Ich danke meiner lieben Ehefrau Emilia für ihre Geduld und die jahrelange Unterstützung. Sie gab mir den nötigen Rückhalt und ließ mir ausreichend Freiraum, um die vorliegende Arbeit erfolgreich abzuschließen.

München, im April 2014 Adam Wissmann

Inhaltsverzeichnis

Content

Formelzeichen und Abkürzungsverzeichnis

Formula symbols and abbreviations

Lateinische Zeichen

Zeichen	Einheit	Benennung
a		Ausgangsgröße des PT1
$\dot{a}$		1-te Ableitung der Ausgangsgröße des PT1
$\ddot{a}$		2-te Ableitung der Ausgangsgröße des PT1
$\dddot{a}$		3-te Ableitung der Ausgangsgröße des PT1
a_i	-	i-tes Neuron in der verdeckten Schicht
b	-	skalarer Bias, bestimmt durch den Radius der Gauß-funktion
b	µm	berechneter Wert
b		Ausgangsgröße des PT2
$\dot{b}$		1-te Ableitung der Ausgangsgröße des PT2
$\ddot{b}$		2-te Ableitung der Ausgangsgröße des PT2
$\dddot{b}$		3-te Ableitung der Ausgangsgröße des PT2
c		Ausgangsgröße des PT3
$\dot{c}$		1-te Ableitung der Ausgangsgröße des PT3
$\ddot{c}$		2-te Ableitung der Ausgangsgröße des PT3
$\dddot{c}$		3-te Ableitung der Ausgangsgröße des PT3
$\mathbf{c}_i$	-	i-ter Vektor mit Zentren der Gaußfunktionen
c_{ij}	-	i-tes Zentrum des i-ten Vektors
D	-	Dämpfungsgrad
d	-	Differenz
dx, dy, dz	µm	relative Verlagerung
F_N	N	Normalkraft
G(s)	-	Übertragungsfunktion im Bildbereich
g	µm	gemessener Wert
i		Summationsvariable (Startwert)
i_d	A	feldbildender elektrischer Strom
i_q	A	drehmomentbildender elektrischer Strom
K	-	Verstärkungsfaktor

L'_R	H	Rotorinduktivität bezogen auf die Statorseite
L_h	H	Hauptinduktivität
lw_i	-	Gewichtung des i-ten Neurons
m	-	MSE-Funktion der Modellierung
m	-	Neuronenanzahl
M	Nm	Drehmoment
n	min^{-1}	Drehzahl
n	-	Summationsvariable (Endwert)
IN^+	-	Menge der natürlichen Zahlen ohne 0
n_f	-	Versuchsfaktoren
n_h	-	Neuronenanzahl in der verdeckten Schicht
n_{h0}	-	optimale Anzahl von Neuronen in der verdeckten Schicht
n_l	-	Versuchsstufen
n_r	-	Versuchsaufwand
n_S	min^{-1}	Spindeldrehzahl
p	-	Eingangsvektor
P	W	Leistung
p	bar	Druck
P_{EIN}	W	Eingangsleistung
P_K	W	Kupferverluste
P_M	W	Magnetisierungsverluste
P_{MECH}	W	Wellenleistung
P_R	-	R-ter Eingangswert
P_S	W	Spindelleistung
r	-	Radius der Gaußfunktion
R'_R	Ω	elektrischer Rotorwiderstand bezogen auf die Statorseite
r_h	-	Radius der radialen Funktion in der verdeckten Schicht
r_{h0}	-	optimaler Radius einer radialen Funktion in der verdeckten Schicht
R_S	Ω	elektrischer Statorwiderstand
R_Z	µm	gemittelte Rautiefe
s	-	unabhängige Variable der Laplace-Transformation

s	mm	Weg
T	s	Zeitkonstante
t	s	Zeit
T	°C	Temperatur
T_R	s	Rotorzeitkonstante
u	-	Eingangsgröße
v	-	MSE-Funktion der Validierung
V	m^3	Volumen
W_R	J	Energieverlust durch Gleitreibungskräfte
X_{soll}, Y_{soll}, Z_{soll}	mm	Sollposition

Griechische Zeichen

Symbol	Einheit	Benennung
α	10^{-6}/K	Wärmeausdehnungskoeffizient
ϑ	°C	Temperatur
ϑ_{Umg}	°C	Umgebungstemperatur
Δ	-	Differenz
δx, δy, δz	µm	relative Verlagerung
δx_S, δy_S, δz_S	µm	relative Verlagerung aufgrund der Spindelbelastung
δx_U, δy_U, δz_U	µm	relative Verlagerung aufgrund der Umgebungstemperatur
µ	-	Reibungskoeffizient
Σ	µm	Summe

Abkürzungen und Indizes

Abkürzung	Einheit	Benennung
Abh		Abhängigkeit
ACO-BPN	-	Ant Colony Algorithm Based Back Propagation Neural Network
ARMA	-	Auto Regressive Moving Average
ARTMAP	-	Adaptive Resonance Theory Map
BB	-	hintere Seite, untere Position
BJ	-	Box Jenkins

BT	-	hintere Seite, obere Position
C	°	Drehachse
CL	-	zentrale Position, links
CMAC	-	Cerebellar Model Articulation Controller
CNC	-	Computerized Numerical Control
CR	-	zentrale Position, rechts
DIN	-	Deutsches Institut für Normung
FB	-	Frontseite, untere Position
FDEM	-	Finite Differenzen Element Methode
FE	-	Finite Elemente
FEM	-	Finite Elemente Methode
FT	-	Frontseite, obere Position
HSK-A63	-	Hohlschaftkegel, Form A, Größe 63
i	-	Zähler
ICA	-	Independent Component Analysis
IRNN	-	integriertes rekurrentes neuronales Netz
KdUte	-	Korrektur des Umgebungstemperatureinflusses
KNN	-	künstliches Neuronales Netz
konst, const	-	konstant
max	-	maximaler Wert
min	-	minimaler Wert
MSE	μm^2	mittlerer quadratischer Fehler
n	s	Zeitpunkt
NC	-	Numerical Control
OBS	-	Optimal Brain Surgeon
OE	-	Output Error
Opt	%	Optimierung
PTi	-	Verzögerungsglied i-ter Ordnung
RBF	-	Radial Basis Function
RMSE	µm	mittlerer Fehler, Standardabweichung
RNN	-	Recurrent Neural Network
rpm	min^{-1}	revolutions per minute
S_i	-	i-ter Temperatursensor

SK 40	-	Steilkegel, Größe 40
Spek	-	Spektrum
TCP	-	Tool Center Point
WZM	-	Werkzeugmaschine
X, Y, Z	mm	kartesische Koordinaten

1 Einleitung

Neben den statischen und dynamischen Verformungseigenschaften hat das thermoelastische Verhalten einer Werkzeugmaschine einen starken Einfluss auf ihre Bearbeitungsgenauigkeit. Je nach Werkzeugmaschine, Prozess, Belastung und Umwelteinfluss kommt es zu unterschiedlichen thermisch bedingten Verformungen der Maschinenstruktur, die zu einer relativen Verlagerung zwischen Tool Center Point (TCP) und Werkstück führen. Daraus resultieren Qualitätseinbußen in Form von Werkstückfehlern.

Bedingt durch zunehmendes Interesse der metallverarbeitenden Industrie an schneller, präziser, umweltbewusster, energieeffizienter und damit kostengünstiger Herstellung ist dem thermoelastischen Maschinenverhalten eine besondere Bedeutung beizumessen. Insbesondere der Trend zur Trockenbearbeitung und Minimalmengenschmierung führt in Verbindung mit steigender elektrischer Gesamtleistung konventioneller Werkzeugmaschinen zu einer starken Wärmeeinbringung in die Maschinenstruktur [BRYA68], [PETE01].

Das thermische Verhalten von Werkzeugmaschinen wird durch eine Vielzahl unterschiedlicher Einflüsse bestimmt. Diese lassen sich in zwei Hauptgruppen unterteilen: äußere und innere Einflüsse [WECK01]. Zu den äußeren gehören das Hallenklima in Abhängigkeit der Jahreszeiten, der Tag-Nacht-Schwankungen der Umgebungstemperatur und der Sonneneinstrahlung. Des Weiteren gehören zu den äußeren Einflüssen benachbarte Wärmequellen in Form von Hallenheizungen, Schweißereien und anderen Produktionsanlagen, benachbarte Wärmesenken in Form von Fundamenten, während der Winterzeit geöffneten Hallentoren und Fenstern. Die zweite Hauptgruppe bilden die inneren Einflüsse wie Verlustleistungen in elektrischen Antrieben und Schaltschränken, Reibung an Führungselementen und Lagern, Wärmeentwicklung in Getrieben, Kühlsysteme und der Zerspanungsprozess mit Kühlschmierstoff und Spänen. Die Wärmeentwicklung der Spindel stellt das bedeutendste und das am meisten untersuchte Problem von allen thermischen Effekten dar [SPUR86], [SRIN96a], [WECK95], [BRYA90]. Die Komplexität des thermischen Verhaltens einer Werkzeugmaschine wird durch die Positionsabhängigkeit des thermischen Verformungsverhaltens des TCP zusätzlich erhöht [GROß06d]. Neben dem klassischen konstruktiven Ansatz zur Reduzierung thermischer Einflüsse, der hauptsächlich bei Neukonstruktionen Anwendung findet, wird eine Vielzahl von indirekten Korrekturansätzen verfolgt.

Im Rahmen dieser Forschungsarbeit werden aus den messtechnischen Untersuchungen eines Bearbeitungszentrums Methoden zur steuerungsinternen indirekten Korrektur thermoelastischer Effekte mit dem Ziel abgeleitet, den spindellast- und umgebungstemperaturabhängigen Einfluss auf die Bearbeitungsgenauigkeit zu reduzieren.

Introduction

Beside the static and dynamic deformation properties, the thermo-elastic behavior of a machine tool has a strong impact on its machining accuracy. There are deformations in the machine structure caused by thermal effects (depending on the type of machine tool, process, loading and environmental influence) which lead to a relative displacement between Tool Center Point (TCP) and workpiece. The result is a quality loss in terms of workpiece errors.

Due to an increasing interest in a faster, more precise, ecology-minded, energy-efficient and cost-saving production by the metal-working industry, the thermo-elastic machine behavior is considered to be of particular importance. The trend to dry-machining and minimal quantity lubrication in connection with the rising total electrical power of conventional machine tools leads to a strong heat input into the machine structure [BRYA68], [PETE01].

A variety of different effects influences the thermal behavior of machine tools. They are divided into two groups: inner and outer influences [WECK01]. Outer influences are thermal machine shop environment depending on the seasons, the day-night-fluctuations of the environmental temperature and the solar radiation. Furthermore, outer influences are adjacent heat sources in the form of heaters, welding shops and other production facilities, adjacent heat sinks in the form of foundations as well as opened gates and windows during winter season. Inner influences represent the second group. Among these are, for example, the dissipation loss caused by electric drives and control boxes, friction at guidance elements and bearings, heat development in gearboxes, cooling systems and finally the cutting process with cooling lubricant and chips. The major and most researched problem of all thermal effects is raised by the spindle [SPUR86], [SRIN96a], [WECK95], [BRYA90]. Furthermore, the complexity of the thermal behavior is additionally increased by the position dependency of the TCP displacement [GROß06d]. Besides the classical design approach for the reduction of thermal effects, which is mainly applied in connection with a new design, a variety of indirect correction approaches is followed.

Within the framework of this research, indirect correction methods will be deduced from a metrological analysis of a machine tool center. The purpose is the reduction of the machining inaccuracy of a milling machine due to effects caused by spindle load and ambient temperature variations.

2 Stand der Technik in Forschung und Industrie

State of the art in research and industry

Bei den steuerungsinternen Methoden zur Optimierung des thermoelastischen Verhaltens von Werkzeugmaschinen wird grundsätzlich zwischen der direkten und der indirekten Korrektur unterschieden [WECK95], [NI97], [ATTI99], [POST99], [SCHÄ94], [WULF91]. Die direkte Korrektur ist durch die direkte Messung der thermisch bedingten Drift zwischen Werkzeug und Werkstück gekennzeichnet. Diese erfordert meist eine Unterbrechung des Bearbeitungsprozesses, kann aber unter Umständen während eines Werkzeugwechsels durchgeführt werden. Die indirekte Korrekturmethode wird dagegen parallel zum Bearbeitungsprozess durchgeführt. Sie basiert auf einem mathematischen Modell des thermoelastischen Maschinenverhaltens. Zur Berechnung der Verlagerung des Tool Center Point (TCP) werden überwiegend Strukturtemperaturen verwendet. Da im Mittelpunkt der vorliegenden Arbeit der indirekte Korrekturansatz steht, wird im Folgenden lediglich auf den Stand der Technik der indirekten Korrekturmethoden eingegangen.

2.1 Ansätze zur indirekten Korrektur thermischer Einflüsse

Approaches to indirect correction of thermal influences

In der Literatur gibt es eine Reihe von unterschiedlichen Ansätzen zur indirekten Korrektur thermisch bedingter Strukturverformungen von Werkzeugmaschinen. Sie haben allerdings alle eine Gemeinsamkeit: Die Korrekturgrößen werden mit einer in die Maschinensteuerung integrierten Softwarelösung, dem Korrekturmodul, ermittelt und steuerungstechnisch umgesetzt. Mit den lagegeregelten Vorschubachsen ist die Stellmöglichkeit zur Korrektur der Wirkpunktabweichungen bereits vorhanden. So kann auf 3-Achs-Maschinen eine vollständige Korrektur translatorischer Abweichungen über dem Arbeitsraum ausgeführt werden. Die Korrektur von Winkelabweichungen erfordert echte rotatorische NC-Achsen [GROß06d].

Es wird eine Einteilung der indirekten Korrekturmethoden in drei Hauptgruppen vorgeschlagen: Korrektur auf Basis von Temperaturen, Korrektur auf Basis von Steuerungsdaten und Korrektur auf Basis von Mischgrößen und Bauteildehnungen. In Bild 2-1 ist die Einteilung der indirekten Korrekturmethoden dargestellt.

Im Folgenden wird der Stand der Technik in chronologischer Reihenfolge für alle drei Hauptgruppen diskutiert. Die Korrekturansätze werden, sofern von der jeweiligen Veröffentlichung ableitbar, hinsichtlich ihrer Effizienz und Industrietauglichkeit bewertet.

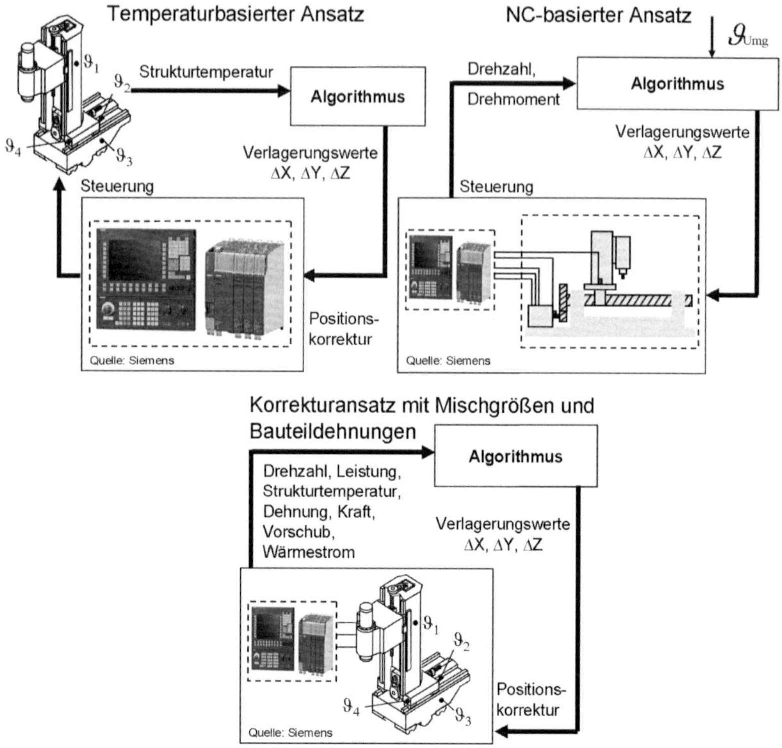

Bild 2-1: Einteilung der indirekten Korrekturmethoden
Classification of the indirect correction methods

2.2 Korrektur auf Basis von Temperaturen

Correction based on temperatures

Die ersten Korrekturmethoden [KNYA63], [OKUS75] entstanden in den 1960er- und 1970er-Jahren. Sie basieren auf einem linearen Zusammenhang zwischen Temperatur an einer Messstelle und der Verlagerung am TCP. Knyazhitskii erkennt die Schwierigkeit in der Bestimmung der Temperaturmessstelle, die mit dem TCP optimal korreliert. Okushima testet seinen Ansatz an einem Bearbeitungszentrum bei einer konstanten Spindeldrehzahl ohne Belastung oder Zerspanung. Die Ergebnisse zeigen, dass die Korrekturmethode die TCP-Verlagerung in Y-Richtung um den Faktor 10 reduzieren kann.

In den Folgejahren wird der Ansatz auf mehrere Temperaturmessstellen erweitert, da die direkt auf die Arbeitsgenauigkeit wirkende TCP-Verlagerung eine Superposition aller beteiligten Bauteildeformationen darstellt. Zu den ersten Korrekturmethoden, die auf der multiplen Regression basieren, gehören die Arbeiten von Heisel und De Haas [HEIS80], [HAAS75]. De Haas misst die vertikale Verlagerung der Spindelachse und beobachtet gleichzeitig den Temperaturverlauf an mehreren Orten in der Getriebewand. Er stellt fest, dass der an einem festen Ort gemessene Temperaturverlauf für eine annähernd proportionale Darstellung des Verlagerungsverlaufs ausreichend ist. Heisel setzt einen linearen Zusammenhang zwischen TCP-Verlagerung und Strukturtemperatur zugrunde und beweist, dass ein funktionaler Zusammenhang zwischen beiden Größen gegeben sein kann, auch wenn kein physikalischer vorhanden ist. Für die Bestimmung der optimalen Temperaturmessstellen wird die Korrelationsanalyse eingesetzt. In beiden Arbeiten wird der instationäre Maschinenbetrieb nicht berücksichtigt.

Brüstle beschreibt das Temperatur-Verlagerungs-Verhalten einer Fräsmaschine zwar auch mit dem linearen Ansatz, verfolgt allerdings zusätzlich sowohl einen quadratischen als auch einen Wurzelansatz [BRÜS85]. Bei allen drei Ansätzen verwendet er zur Korrektur der thermisch bedingten TCP-Verlagerung infolge einer variierenden, lastfreien Spindelrotation zehn Temperaturmessstellen unter Einbeziehung der Korrelationsanalyse. Er kommt zu dem Ergebnis, dass der lineare Ansatz das thermoelastische Maschinenverhalten am besten beschreibt. Mit seiner Modellierung lässt sich der thermische Fehler auf einen Restfehler von 15 % berechnen.

Pascher leitet 1984 aus dem differentiellen Zusammenhang zwischen Strukturtemperatur und TCP-Verlagerung einen linearen Gleichungsansatz ab [PASC84]. Das Neue an diesem Ansatz ist die Tatsache, dass zur Berechnung des aktuellen Verlagerungswertes aktuelle und zeitlich zurückliegende Temperaturen verwendet werden. Die Temperaturmessstellen werden ebenfalls mit Hilfe der Korrelationsanalyse bestimmt. Die in [PASC85] präsentierten Korrekturergebnisse an einer Drehmaschine sind zufriedenstellend: Die thermisch bedingte Verlagerung des TCP in Z-Richtung wird mit Hilfe von sieben Temperatursensoren von 20 µm auf 8 µm reduziert.

Im selben Jahr schlägt Jędrzejewski für die Korrektur des thermoelastischen Verhaltens einer Schrägbettdrehmaschine Potenzgleichungen vor [JEDR85]. Er benutzt zwei Temperatursensoren und reduziert den Durchmesserfehler unter realen Prozessbedingungen von 34 µm auf 9 µm.

Drei Jahre später teilt Schüller die Verlagerung am TCP in eine Nullpunktverschiebung durch die thermische Dehnung der Maschinenkomponenten und die thermische Dehnung des Maßstabs auf. Die Dehnung des Maßstabs wird von Schüller mit dem einfachen linearen Temperatur-Verlagerungs-Ansatz beschrieben. Für die Nullpunktverschiebung verwendet er einen logarithmischen Ansatz [SCHÜ88].

Spur et al. ersetzen eine punktuelle Temperaturmessung durch die Bestimmung der mittleren Temperatur entlang einer frei wählbaren Strecke in Verformungsrichtung der Korrekturfunktion [SPUR88], [HOFF89]. Für die Temperaturmessung wird ein Widerstandsthermometer mit Längenabmessungen im Zentimeterbereich verwendet. Die erzielten Korrekturergebnisse werden von den Autoren nicht diskutiert.

In ihrer 1989 erschienenen Veröffentlichung greifen Wiele und Müller die Modellierung mit Potenzgleichungen von Jędrzejewski auf und korrigieren die thermisch bedingte TCP-Verlagerung eines Mehrspindelautomaten in X-Richtung [WIEL89]. Sie grenzen sich dadurch ab, dass sie sowohl die Absoluttemperatur als auch eine Differenztemperatur, bezogen auf eine Referenztemperaturmessstelle, in die Potenzgleichungen einbeziehen. Die am TCP resultierende Verlagerung wird in ihre Einzelbestandteile zerlegt und für jeden Bestandteil wird eine Gleichung bestimmt. Die Auswahl der Messstellen erfolgt auch hier mit der Korrelationsanalyse. Die Erprobung erfolgt bei einem lastfreien Drehzahlsprung. Die TCP-Verlagerung wird auf unter 10 µm reduziert.

Ebenfalls 1989 schlägt Janeczko vor, für die Korrektur des thermoelastischen Verhaltens eines 4-Achs-Horizontalbearbeitungszentrums lediglich einen Temperatursensor und eine Exponentialfunktion für die Beschreibung des Temperatur-Verlagerungs-Verhaltens zu verwenden [JANE89]. Die thermisch bedingte TCP-Verlagerung ist demnach vom Ausdehnungskoeffizienten, der Bauteillänge, der Temperaturdifferenz, einer Zeitkonstante und der Zeit abhängig. Der Ansatz wird bei konstanter, lastfreier Spindelrotation mit und ohne Verfahren der Achsen untersucht. Den dargestellten Ergebnissen kann man die Effizienz des vorgeschlagenen Ansatzes nicht eindeutig entnehmen.

Mit dem Einzug der Computertechnik in den Arbeitsalltag nehmen in den neunziger Jahren die Aktivitäten auf dem Gebiet der thermoelastischen Korrektur an Werkzeugmaschinen stark zu, insbesondere im asiatischen Raum.

Bryan fasst 1990 [BRYA90] zum zweiten Mal seit 1968 [BRYA68] den Stand der Arbeiten auf dem Gebiet des thermoelastischen Maschinenverhaltens zusammen und kommt zu dem Ergebnis, dass die Industrie seit 1968 trotz einiger exzellenter Forschungsarbeiten keine nennenswerten Fortschritte auf dem untersuchten Gebiet erzielte.

Schmidt und Minges greifen 1990 erneut den linearen Temperatur-Verlagerungs-Ansatz auf und korrigieren die TCP-Verlagerung einer 3-Achs-CNC-Fräsmaschine in Y- und Z-Richtung [SCHM90]. Für die Korrektur verwenden sie wenige Temperaturmessstellen am Spindelkasten und die Umgebungstemperatur. Zur Ermittlung eines funktionalen Zusammenhanges zwischen den Temperaturen und der Verlagerung wird die multiple lineare Regressionsanalyse verwendet. Die Regressionskoeffizienten werden durch die Minimierung der Fehlerquadrate bestimmt. Die Korrekturmethode wird am Beispiel eines kurzen intermittierenden Spindelbetriebes ohne Belastung demonstriert. Die Restverlagerung in Z-Richtung schwankt in einem Bereich von ±6 µm.

In Anlehnung an die Arbeit von Spur et al. [SPUR88] bestimmt Wulfsberg für die Verformung des Spindelkastens einer Flachschleifmaschine die Temperaturverteilung auf der Oberfläche mit einer Thermografiekamera [WULF91]. Zur Bestimmung des Temperatur-Verlagerungs-Modells wird aus der gemessenen Temperaturverteilung das Temperaturprofil entlang der Mittelachse des Spindelstocks ermittelt. Die Änderung des Temperaturprofils gegenüber dem kalten Maschinenzustand verhält sich proportional der thermoelastischen Ausdehnung in der Z-Richtung.

Aufbauend auf den Forschungsergebnissen von Pascher [PASC84] entwickelt Schäfer [SCHÄ94] eine Korrekturmethode für eine Schrägbettdrehmaschine und eine Fräsmaschine. Die TCP-Verlagerungen werden als Linearkombination von Temperaturen an verschiedenen Messstellen zu aktuellen und vorherigen Zeitpunkten approximiert. Mit den Vergangenheitswerten der Temperatur an einer Messstelle versucht Schäfer andere Messstellen zu substituieren. Signifikante Temperaturmessstellen werden mit Hilfe der multiplen Korrelationsanalyse bestimmt. In seiner Arbeit werden zusätzlich die Einzeleinflüsse auf die TCP-Verlagerung durch Erwärmung des Antriebsstranges, äußere Wärmequellen, Spindelrotation, Kühlschmiermittel und den Bearbeitungsprozess untersucht. Die Funktionsfähigkeit der entwickelten Korrekturmethode wird für zwei unterschiedliche Maschinen unter Zerspanbedingungen im intermittierenden Betrieb gezeigt, unter denen eine Verbesserung des thermoelastischen Verhaltens zwischen 50 und 75 % erreichbar ist.

Ein Jahr später verwenden Chen und Chiou zur Korrektur der thermisch bedingten TCP-Verlagerungen einer Fräsmaschine ein künstliches neuronales Netz (KNN) mit einer dreischichtigen Feed-Forward-Architektur [CHEN95a].

Künstliche neuronale Netze sind informationsverarbeitende Systeme, die aus einer großen Anzahl einfacher Einheiten (Neuronen) bestehen, die sich Information in Form der Aktivierung (über Aktivierungsfunktionen) der Neuronen über gerichtete Verbindungen zusenden. Das Studium neuronaler Netze ist motiviert durch ihre grobe Analogie zu den Gehirnen von Säugetieren, bei denen Informationsverarbeitung durch sehr viele Nervenzellen stattfindet, die im Verhältnis zum Gesamtsystem sehr einfach sind und die den Grad ihrer Erregung über Nervenfasern an andere Nervenzellen weiterleiten. Neben dieser Motivation durch die teilweise Ähnlichkeit zu erfolgreichen biologischen Systemen beziehen (künstliche) neuronale Netze aber einen großen Teil ihrer Motivation, speziell für die Naturwissenschaften, aus der Tatsache, dass es sich hierbei um massiv parallele, lernfähige Systeme handelt, die auch für sich genommen als parallele Algorithmen interessant sind. Ein wesentliches Element dieser künstlichen neuronalen Netze ist ihre Lernfähigkeit, die Fähigkeit, eine Aufgabe, wie etwa ein Klassifizierungsproblem, selbstständig aus Trainingsbeispielen zu lernen, ohne dass das neuronale Netz dazu explizit programmiert werden muss [ZELL96].

Das Netz von Chen und Chiou wird im Vorfeld anhand einer Temperatur-Verlagerungs-Messung trainiert. Es werden insgesamt 15 Temperatursensoren für die Berechnung der X-, Y- und Z-Verlagerung verwendet. Versuche unter Zerspanbedingungen zeigen, dass die Verlagerung von 40 µm auf unter 5 µm reduziert werden kann. Im selben Jahr korrigiert Chen die thermoelastischen und geometrischen TCP-Abweichungen an einem horizontalen Bearbeitungszentrum [CHEN95b] unter Verwendung von homogenen Transformationsmatrizen. Die Korrekturmethode basiert auf einem dreilagigen Feed-Forward-KNN, das sowohl die TCP-Verlagerung in X-, Y-, und Z-Richtung berechnet als auch die Neigung um die X- und Y-Achse. Die Kopplung der berechneten Werte mit einem kinematischen Modell ermöglicht die Korrektur der TCP-Verlagerung entlang der drei Achsen. Für die Berechnung der Verlagerungen werden 23 Temperatursensoren an der Maschinenstruktur verwendet. Die Erprobung der vorgeschlagenen Korrekturmethode zeigt eine maximale Fehlerreduzierung von 92 µm auf 19 µm.

Lo, Yuan und Ni korrigieren die thermoelastischen und geometrischen TCP-Abweichungen an einer doppelspindeligen Drehmaschine ebenfalls unter Verwendung von homogenen Transformationsmatrizen [LO95]. Der temperaturabhängige Fehler wird mit einem linearen Temperatur-Verlagerungs-Ansatz berechnet. Im Gegensatz zu den anderen Arbeiten wird von jeder verwendeten Strukturtemperatur die Umgebungstemperatur als Referenz subtrahiert. Die Wahl der optimalen Temperaturmesspunkte erfolgt mit der Korrelationsanalyse, sodass insgesamt 16 Temperatursensoren zur Korrektur verwendet werden. Der thermisch bedingte Fehler der gedrehten Werkstücke sinkt von 60 µm auf bis zu 10 µm.

Veldhuis und Elbestawi verwenden ein künstliches neuronales Netz zur Bestimmung von signifikanten Temperaturmessstellen bei der Korrektur der thermoelastischen TCP-Verlagerungen an einem 5-Achs-Bearbeitungszentrum [VELD95]. Das KNN hat eine Backpropagation-Typologie und besteht aus drei Neuronenschichten. Die verdeckte Schicht basiert auf einer sigmoiden Aktivierungsfunktion, die Ausgangsschicht ist linear. Zu Anfang werden in der Eingangsschicht 30 Temperaturmessstellen benutzt. Der entwickelte Algorithmus entfernt aus der Netztypologie automatisch Sensoren mit einem geringen Gewicht. Damit wird die Anzahl der signifikanten Sensoren auf das für die Korrektur notwendige Maß reduziert, in dem vorgestellten Fall auf sieben Stück. Die optimierte Netztypologie mit der Mindestanzahl von Sensoren wird bei einem Luftschnitt und unter Bearbeitungsbedingungen getestet. Der thermisch bedingte Fehler kann von 60 µm auf 20 µm gesenkt werden.

Im selben Jahr korrigiert Huang das thermoelastische Verformungsverhalten eines Kugelgewindetriebes [HUAN95]. Er benutzt drei Temperatursensoren und bedient sich der multiplen Regressionsanalyse zur Bestimmung eines Polynoms zweiten Grades. Die dargestellten Ergebnisse lassen keine Bewertung der Korrekturqualität zu. Eine weitere taiwanesische Forschungsarbeit, die zur Korrektur ebenfalls ein Polynom zweiten Grades verwendet, ist die von Fan und Hung [FAN95]. Die Autoren korrigieren allerdings die thermisch bedingte Maschinenverformung in Z-Richtung aufgrund der Spindelbelastung unter Prozessbedingungen. Sie verwenden für die Korrektur nur zwei Temperatursensoren. Ein Sensor erfasst die Temperatur der Spindeleinhausung, der zweite misst die Umgebungstemperatur. Die Erprobung erfolgt unter Prozessbedingungen in einem Zeitfenster von drei Stunden. Der Korrekturansatz reduziert die Verlagerung um bis zu 50 %.

Analog zu den Arbeiten von Bryan [BRYA68], [BRYA90] verfassen Weck et al. ein Keynote Paper zum Thema Reduktion und Korrektur der thermisch bedingten Fehler an Werkzeugmaschinen [WECK95]. Zusammenfassend kommen sie zu dem Ergebnis, dass es möglich ist, durch direkte und indirekte Korrekturansätze die thermisch bedingte TCP-Drift um bis zu 90 % zu reduzieren. Bezüglich der indirekten Korrektur werden die auf künstlichen neuronalen Netzen basierenden Ansätze als vielversprechend betrachtet.

Im Jahr 1996 veröffentlicht Chen drei weitere Forschungsarbeiten. In [CHEN96d] erweitert er die Korrektur von der TCP-Verlagerung in X-, Y- und Z-Richtung aus dem Jahr 1995 [CHEN95a] auf den Neigungsfehler um die Y- und X-Achse. Die Ursache der TCP-Verlagerung ist auch hier die Spindel. Zur Korrektur verwendet er elf Temperatursensoren an der Maschinenstruktur. Die Verlagerungsfehler werden von einem dreischichtigen künstlichen neuronalen Netz in Feed-Forward-Typologie mit der sigmoiden Aktivierungsfunktion berechnet. Tests zeigen eine Verlagerungsreduktion von 34 µm auf 9 µm, wobei die Berechnungsgenauigkeit der vorgestellten Methode abnimmt, wenn die Belastung der Spindel stark variiert und / oder Belastungskollektive gefahren werden, die in der Trainingsphase nicht berücksichtigt wurden. In [CHEN96c] untersucht Chen die Generalisierungsfähigkeit von Modellen, die sowohl auf künstlichen neuronalen Netzen als auch auf der multiplen Regressionsanalyse basieren. Er beweist, dass in beiden Fällen Modelle, die lediglich für einen Luftschnitt entwickelt wurden, unter realen Zerspanungsbedingungen keine zufriedenstellenden Ergebnisse liefern. Chen schlägt vor, unabhängig vom Modellierungsansatz, das thermisch bedingte Maschinenverhalten nicht nur für einen Luftschnitt sondern auch für eine Zerspanungsbelastung zu modellieren. In der dritten Veröffentlichung [CHEN96a] erweitert er sowohl die Modelle, die auf künstlichen neuronalen Netzen als auch auf der multiplen Regressionsanalyse basieren, um den Einfluss der TCP-Position. Auch hier ist die Verlagerungsursache die Spindelbelastung. Chen verwendet für die Korrektur der TCP-Verlagerung in X-, Y- und Z-Richtung sieben Temperatursensoren, wobei nicht für jede Richtung die gleichen Temperatursensoren verwendet werden. Die Korrekturmethoden werden während der Zerspanung eines Aluminiumbauteils erprobt und zeigen, dass die TCP-Verlagerungen in Y-Richtung von 92 µm auf 7 µm und in Z-Richtung von 196 µm auf 8 µm reduziert werden können.

Chen und Ling aus Taiwan korrigieren die thermisch bedingten Fehler einer Fräsmaschine, die aus der Spindel und den Linearantrieben resultieren, mit künstlichen neuronalen Netzen [CHEN96b]. Sie verwenden 15 Temperatursensoren an der Maschinenstruktur und ein dreischichtiges Feed-Forward-Netz mit einer sigmoiden Aktivierungsfunktion. Das KNN berechnet die Verlagerung des TCP infolge einer lastfreien Spindeldrehung in X-, Y- und Z-Richtung und für jeden Linearantrieb die jeweilige Verlagerungsrichtung. Die Erprobung des vorgeschlagenen Ansatzes erfolgt sowohl im Zerspanungsprozess als auch mit Hilfe eines Double-Ball-Bars. Die Autoren sprechen von einer Reduzierung der thermisch bedingten Fehler von bis zu 90 %.

Yang, Yuan und Ni [YANG96] schlagen für die Modellierung und Korrektur des thermoelastischen Maschinenverhaltens ein künstliches neuronales Netz mit der Bezeichnung CMAC (Cerebellar Model Articulation Controller) vor. Ein CMAC-Netz approximiert eine Funktion nicht stetig, sondern stückweise konstant. Im Prinzip handelt es sich um eine stufenweise interpolierende Wertetabelle mit Speicherplatznutzung. Die Grundidee beim CMAC-Netz besteht darin, den benötigten Speicherplatz durch eine Verdichtung des Informationsgehaltes besser zu nutzen [SCHÄ96]. Das CMAC-Netz berechnet die TCP-Verlagerung in Abhängigkeit von der Temperaturentwicklung an drei Messstellen der Maschinenstruktur. Yang, Yuan und Ni korrigieren lediglich die spindelbedingte thermoelastische TCP-Verlagerung in Z-Richtung, allerdings sowohl an einem horizontalen Bearbeitungszentrum als auch an einer CNC-Drehmaschine. Parallel dazu modellieren sie das Verhalten einer der beiden Werkzeugmaschinen mit Hilfe der multiplen Regressionsanalyse (linearer Temperatur-Verlagerungs-Ansatz) und einem Feed-Forward-Backpropagation-Netz. Der Vergleich der Korrekturergebnisse zeigt, dass das CMAC-Netz robuster, in der Lernphase schneller und in der Korrektur genauer ist als die anderen beiden Ansätze.

Srinivasa und Ziegert korrigieren die thermisch bedingte TCP-Drift ebenfalls mit künstlichen neuronalen Netzen und Messungen der Temperatur an der Maschinenstruktur [SRIN96b], [SRIN96a]. Das Besondere an ihrem Vorgehen ist, dass sie einen Laser-Double-Ball-Bar zur Messung der TCP-Verlagerung verwenden und damit den Arbeitsraum der Werkzeugmaschine erfassen. Das künstliche neuronale Netz bildet Verlagerungsklassen zu je einem Mikrometer. Diese werden Fuzzy-ARTMAPS genannt (Fuzzy Adaptive Resonance Theory Map) und können als von der Temperatur abhängige TCP-Ebenen verstanden werden. Das neuronale Fuzzy-ARTMAP-Netz ist in der Lage mit der einprogrammierten Achsposition und Bewegungsrichtung und den an der Maschinenstruktur gemessenen Temperaturen den kinematisch-thermischen Positionsfehler zu berechnen.

Vanherck, Dehaes und Nuttin verwenden bei ihrem künstlichen neuronalen Netz in Feed-Forward-Typologie vier Neuronen mit hyperbolischer Aktivierungsfunktion in der verdeckten Schicht und einer linearen Ausgangseinheit [VANH97]. Die Strukturtemperatur wird mit vier Temperatursensoren nur auf einer Seite des Maschinenrahmens erfasst, da das 5-Achs-Bearbeitungszentrum symmetrisch konstruiert ist. Das Modell wird unter Prozessbedingungen an zwei Werkstücken getestet. Die Korrekturresultate werden lediglich in Y-Richtung und nur in einem Zeitfenster von 200 Minuten dargestellt. Die thermisch bedingte TCP-Abweichung wird von 76 µm auf 16 µm reduziert. Die Autoren zeigen außerdem, dass die Korrekturqualität des Trainingsdatensatzes wesentlich besser ist als die des Validierungsdatensatzes.

Tseng greift zur Ermittlung eines funktionalen Zusammenhanges zwischen den Temperaturen und der Verlagerung auf die multiple lineare Regressionsanalyse zurück und korrigiert die thermoelastische TCP-Verlagerung in X-, Y- und Z-Richtung an einer vertikalen Fräsmaschine [TSEN97]. Auch er kommt zu dem Ergebnis, dass die Modellierung unter Last wesentlich bessere Ergebnisse liefert als die Modellierung ohne Belastung. Trotzdem sind die Korrekturergebnisse sehr schlecht.

Im Jahr 1998 schlagen Postlethwaite, Allen und Ford vor, für die Korrektur thermisch bedingter Strukturverformungen zwei Modelle zu verwenden [POST98]. Zuerst wird ein Temperaturmodell eingesetzt, das basierend auf punktuellen Temperaturmessungen die Temperaturverteilung entlang einer Linie an einem Maschinenbauteil berechnet. Anschließend verwendet ein Verformungsmodell die berechnete Temperaturverteilung, um die thermisch bedingte elastische Verformung zu bestimmen. Der Vorteil ist die kurze Modellierungsphase im Vergleich zu den bisherigen Ansätzen. Der Modellierungsansatz eignet sich laut Postlethwaite für die Korrektur auf Basis der Thermografie. Die Erprobung des vorgeschlagenen Ansatzes erfolgt lediglich an einer Spindel, nicht aber am Beispiel einer kompletten Werkzeugmaschinenstruktur. Die Korrekturergebnisse zeigen eine Reduktion der TCP-Verlagerung um den Faktor 9, es ist allerdings nicht ersichtlich um welche Verlagerungsrichtung es sich handelt.

Yang und Lee korrigieren nicht nur die thermisch bedingte TCP-Verlagerung in einem Arbeitspunkt, sondern im gesamten Arbeitsraum eines Bearbeitungszentrums [YANG98]. Um die Modelle zu generieren, messen sie einerseits die Strukturtemperatur an acht Stellen der Werkzeugmaschine und andererseits die Verlagerung des TCP im gesamten Arbeitsraum mit zwei sphärischen Oberflächen infolge einer Spindelbelastung (Luftschnitt). Das geometrisch-thermische Modell des Bearbeitungszentrums basiert auf einem dreilagigen Feed-Forward-Netz. Die Korrekturergebnisse werden von den Autoren nicht diskutiert.

Der Ansatz von Krulewich [KRUL98] basiert auf der Tatsache, dass die thermisch bedingte Ausdehnung im Fall einer ungleichförmigen Temperaturänderung mit der Integration über die Länge des Maschinenelementes berechnet werden kann. Die Lösung der Integration erfolgt mit Hilfe des Gaussschen Integralsatzes. Das Temperaturprofil wird mit einem Polynom entlang der zu modellierenden Komponente beschrieben. Die Anzahl der Temperatursensoren und ihre Lage entsprechen den Stützstellen des Integrals. Laut Krulewich erfordert der vorgeschlagene Ansatz keine zusätzlichen Messungen, um die optimale Anzahl und ihre optimale Lage zu bestimmen. Das so gewonnene Modell ist sowohl für Aufwärm- und Abkühlvorgänge als auch für Beharrungszustände geeignet und reduziert die TCP-Verlagerung an einem Spindelsystem (außerhalb der Maschinenstruktur) um bis zu 96 %.

Wang et al. schlagen 1998 vor, die geometrische und die thermisch bedingte TCP-Verlagerung gleichzeitig zu korrigieren [WANG98]. Der Veröffentlichung kann nicht eindeutig entnommen werden um welche Werkzeugmaschinenart es sich handelt und wie viele Achsen sie hat. Die Autoren sprechen von mehreren Achsen und verwenden ein Laserinterferometer zur Erfassung von 21 geometrischen Fehlern, was darauf hinweist, dass es sich um eine dreiachsige Werkzeugmaschine handelt. Für die Korrektur der 21 geometrischen Fehler verwenden sie homogene Transformationsmatrizen und verifizieren die Ergebnisse entlang von Diagonalen im Arbeitsraum der Werkzeugmaschine. Die spindelabhängige, thermisch bedingte TCP-Verlagerung wird auf Basis von gemessenen TCP-Verlagerungen und drei Strukturtemperaturen modelliert. Wang et al. sprechen von einem Grey-System-Modell, da die Modellierung einerseits auf theoretischem Prozesswissen und andererseits auf empirischer Grundlage erfolgt. Das gewonnene Modell ist eine Differentialgleichung. Die Erprobung des Korrekturansatzes erfolgt unter ähnlichen Bedingungen wie die Modellierung und ergibt eine Verlagerungsreduzierung von 75 %. Die korrigierte TCP-Richtung bleibt für den Leser unbekannt.

Postlethwaite, Allen und Ford fassen 1999 den Stand der Technik auf dem Gebiet der Korrektur der thermisch bedingten Maschinenverformungen zusammen. Sie stellen eine Liste von Postulaten bezüglich der Korrektureigenschaften auf, leisten aber keinen Beitrag zur Lösung der aufgezeigten Probleme [POST99].

Qing et al. ziehen im selben Jahr einen Vergleich zwischen der Korrektur auf Basis der linearen Regression und der künstlichen neuronalen Netze, wobei sie die Anzahl der Temperatursensoren variieren [QING99]. Beide Ansätze sind zu dem Zeitpunkt nicht neu. Sowohl der lineare Zusammenhang zwischen Strukturtemperaturen und TCP-Verlagerungen als auch die klassische Backpropagation mit einer verdeckten Neuronenschicht sind zu dem Zeitpunkt als Korrekturmethoden bekannt. Sie liefern für alle drei TCP-Richtungen Korrekturergebnisse in sehr ähnlicher Größenordnung. Auch die Anzahl der Temperatursensoren wirkt sich ähnlich aus. In beiden Fällen wird gezeigt, dass sowohl eine zu geringe als auch eine zu große Anzahl von Temperatursensoren schlechte Ergebnisse liefert.

Yang, Yuan und Ni korrigieren das thermoelastische Verformungsverhalten einer Schrägbettdrehmaschine, indem sie für jeden Einfluss ein Modell, basierend auf dem linearen Temperatur-Verlagerungs-Zusammenhang, entwickeln [YANG99]. Sie schlagen vor, die Modelle zu superponieren und reduzieren die Anzahl der zur Korrektur erforderlichen Temperatursensoren von ursprünglich 16 auf 4 Stück. Die Erprobung des Ansatzes zeigt, dass die thermisch bedingte TCP-Verlagerung von 35 µm auf 6 µm reduziert werden kann.

Bonse [BONS99] entwickelt im Rahmen seiner Doktorarbeit ein Verfahren, mit dem bei sprunghafter Änderung der Umgebungstemperatur die für die Korrektur relevanten Temperaturmessstellen herausgefiltert werden können. Hierzu wird die Verlagerungskurve analog zur Modalanalyse bei der Beurteilung des dynamischen Verhaltens in eine Reihe von Exponentialfunktionen entwickelt. Die charakteristischen Zeitkonstanten der Verlagerungsfunktion werden mit den Zeitkonstanten der einzelnen Temperaturmessstellen verglichen. Bei übereinstimmenden Zeitkonstanten kann eine solche Temperaturmessstelle für einen bestimmten Anteil der resultierenden Maschinendehnung verantwortlich sein. Diese Temperaturmessstellen sind jeweils zu einem Verlagerungsanteil proportional und bilden die Eingangsgrößen für das Korrekturmodell. Bonse untersucht auch die Korrektur mit Hilfe zeitlich zurückliegender Temperaturmessungen. Diesem Verfahren liegt der Gedanke zugrunde, dass sich die Maschine in Abhängigkeit der Richtung des Wärmeflusses in der Aufwärmphase anders verhält als in der Abkühlphase. Daher werden neben der aktuellen Temperatur an einer Messstelle auch der Temperaturgradient und weitere Ableitungen der Temperatur nach der Zeit berücksichtigt. Dieses Verfahren zeigt gute Erfolge, wenn die thermische Anregungsfrequenz nahezu konstant ist. Dann kann durch die Einbeziehung einer geeigneten Vorgängertemperatur die Phasenverschiebung zwischen aktueller Temperatur und aktueller Verlagerung korrigiert werden. Ändert sich allerdings die Anregungsfrequenz, kann die Einbeziehung der Vorgängertemperatur unter Umständen sogar zu einer Verschlechterung des Korrekturergebnisses führen. Des Weiteren untersucht Bonse die Verwendung von künstlichen neuronalen Netzen. Er zeigt jedoch, dass der lineare Ansatz das thermoelastische Verhalten am besten beschreibt. Neben der Netztopologie hat auch die Lerndauer einen Einfluss auf die Korrekturgenauigkeit. Während der Netzfehler bei zunehmender Lerndauer erwartungsgemäß sinkt, sinkt auch die Übertragbarkeit des trainierten Netzes auf einen neuen Belastungsfall. Bonse zeigt, dass Netze mit automatischer Strukturveränderung in der Lage sind, selbsttätig die Anzahl der Temperaturmessstellen zu reduzieren. Weiterhin ist es jedoch nötig, die Maschine verschiedenen thermischen Belastungen auszusetzen, damit die Gewichte des Netzes eingestellt werden können. Die Korrekturqualität des künstlichen neuronalen Netzes hängt stark von dem Trainingsumfang ab.

Lee, Yang und Lee schlagen 2001 für die Korrektur des thermisch bedingten Strukturverformungsverhaltens eines horizontalen Bearbeitungszentrums die Anwendung der Fuzzy-Logik vor [LEE01b]. Von ursprünglich 14 Temperatursensoren werden für die Korrektur zwei Sensoren bestimmt. Für einen der beiden Sensoren wird der Messbereich in drei Gruppen geteilt: klein, mittel, groß. Je nachdem welche Temperaturgruppe zutrifft, wird für die Berechnung der Verlagerung die für die jeweilige Gruppe hergeleitete Gleichung, genannt „membership function", verwendet. Es handelt sich dabei um einen linearen Temperatur-Verlagerungs-Zusammenhang. Die Koeffizienten der Gleichungen werden mit der Methode der kleinsten Fehlerquadrate bestimmt. Die Autoren vergleichen die Korrekturergebnisse mit den Ergebnissen der gewöhnlichen Ansätze und kommen zu dem Ergebnis, dass durch die Anwendung der Fuzzy-Logik die Anzahl der Temperatursensoren bei gleichen Korrekturergebnissen gesenkt werden kann. Im selben Jahr veröffentlichen Lee, Yang und Lee eine weitere Forschungsarbeit [LEE01a], deren Schwerpunkt auf der Korrektur auf Basis der Fuzzy-Logik, allerdings mit minimaler Anzahl von Temperatursensoren liegt.

Kruth, Vanherck und van den Bergh nehmen in ihrer Forschungsarbeit eine gleichmäßige Temperaturverteilung und eine konstante Temperaturänderung in den Elementen einer Koordinatenmessmaschine an [KRUT01]. Dementsprechend ist die Längenänderung der Bauteile abhängig von der ursprünglichen Bauteillänge, der Temperaturänderung und den Temperaturkoeffizienten im Falle der Temperaturmessung an mehreren Orten. Diese werden im Vorfeld mit Hilfe von Temperatur-Verlagerungs-Messungen bestimmt. Das thermoelastische Verhalten wird für jede Maschinenkomponente einzeln modelliert. Die Modelle werden anschließend superponiert. Die Korrekturmethode wird an einem Temperatursprung verifiziert und zeigt, dass der Ansatz die thermisch bedingte TCP-Verlagerung reduzieren kann. Die restliche Verlagerung ist deutlich ausgeprägt und fällt bei hohen Umgebungstemperaturschwankungen noch höher aus.

Pahk, Lee und Kwon [PAHK01] modellieren das thermoelastische Verhalten einer Werkzeugmaschine infolge lastfreier Spindeldrehung mit drei Ansätzen und vergleichen sie anschließend bezüglich der Korrekturqualität. Zu den drei Korrekturmethoden gehören: multiple lineare Regression, dreischichtiges künstliches neuronales Netz in Feed-Forward-Architektur und die multiple lineare Regression mit Vergangenheitswerten der Verlagerung und der Temperatur. Als Eingangsgrößen werden 19 Strukturtemperaturen verwendet. Mit ihnen werden sowohl Verlagerungen in X-, Y- und Z-Richtung als auch die Neigung um die X- und die Y-Achse berechnet. Der Vergleich der Korrekturqualität zeigt, dass die multiple lineare Regression mit Vergangenheitswerten der Verlagerung und der Temperatur die besten Ergebnisse erzielt. Die Autoren stellen fest, dass die thermisch bedingte TCP-Verlagerung infolge der Zerspanung von Aluminiumwerkstücken um 40 % höher ist als infolge eines Luftschnitts, wodurch die Modellierung des spindellastfreien Verformungsverhaltens keine optimalen Korrekturergebnisse in der realen Zerspanung liefern kann. Ein Jahr später wird die Korrektur auf die Vorschubachsen erweitert [PAHK02]. Die Korrekturergebnisse zeigen, dass die thermisch bedingte Drift um den Faktor 4-5 reduziert werden kann.

Im Jahr 2002 veröffentlicht Herbst im Rahmen einer Doktorarbeit seine Forschungsergebnisse [HERB02]. Er stellt fest, dass für eine indirekte Korrektur auf Basis gemessener Temperaturen der einfache lineare Ansatz, bei dem die thermische Verlagerung aus der Summe gewichteter Temperaturerhöhungen berechnet wird, das thermoelastische Verhalten am besten beschreibt. Die anhand gemessener Daten durch lineare Regression bestimmten Temperaturkoeffizienten widersprechen jedoch teilweise den tatsächlichen Verformungsmechanismen. Daher erweitert Herbst die zur Berechnung der Temperaturkoeffizienten verwendete Regressionsfunktion dahingehend, dass zum einen die Vorzeichen der Koeffizienten vorgegeben werden können und zum anderen die Größe der Koeffizienten beeinflusst werden kann. Diese so modifizierte Regression ermöglicht für einzelne Bauteile Temperatur-Verlagerungs-Modelle mit einer deutlich besseren Übertragbarkeit, während sie zur Beschreibung des Verhaltens einer Gesamtmaschine keine signifikante Verbesserung erlaubt. Darüber hinaus untersucht Herbst die Eignung der künstlichen neuronalen Netze. Es zeigt sich dabei, dass neuronale Netze zwar eine sehr genaue Approximation eines speziellen Belastungsfalles ermöglichen, doch ist das von ihnen erstellte Modell nur bedingt auf andere, vergleichbare Lastfälle übertragbar. Des Weiteren werden eine signifikante Streuung der unter gleichen Bedingungen trainierten Netze sowie eine starke Abhängigkeit der Netzgüte von den Trainingsbedingungen festgestellt. Herbst kombiniert außerdem die indirekte mit der direkten Korrektur. Hierbei werden zwischen zwei direkten Verlagerungsmessungen die Korrekturwerte indirekt mit Hilfe eines Modells und prozessparallel gemessener Temperaturen bestimmt. Der entwickelte Algorithmus passt dynamisch sowohl das Temperatur- und Verlagerungsmodell als auch das zwischen zwei direkten Verlagerungsmessungen liegende Intervall entsprechend der erforderlichen Genauigkeit an. Hierdurch wird zum einen eine hohe Korrekturgenauigkeit bei einer minimalen Anzahl an direkten Verlagerungsmessungen erreicht, zum anderen ist eine sofortige Korrektur ohne eine vorherige Einmessphase möglich. Die praktische Umsetzung der Korrekturmaßnahmen an einem Bearbeitungszentrum sowie die Anwendung der Korrekturansätze und

Algorithmen zur Bestimmung geeigneter Temperaturmessstellen auf andere Maschinen zeigen, dass durch die entwickelten Korrekturmaßnahmen eine Reduzierung der thermischen Drift auf etwa ein Drittel des unkorrigierten Wertes möglich ist. Die im Rahmen dieser Arbeit entwickelten Korrekturansätze beschränken sich allerdings auf eine repräsentative Position im Arbeitsraum, da bei kleinen und mittleren Maschinen der positionsabhängige Verlagerungsanteil vernachlässigbar ist. Für Werkzeugmaschinen mit einer starken Positionsabhängigkeit der thermischen Drift, wie z. B. Parallelkinematiken ist diese Vereinfachung nicht zulässig.

Tseng und Ho korrigieren die thermisch bedingte TCP-Verlagerung einer Drehmaschine in X- und Z-Richtung infolge lastfreier Spindeldrehung mit zwei Ansätzen und vergleichen diese anschließend bezüglich der Korrekturqualität [TSEN02a]. Der erste Ansatz basiert auf der bereits mehrfach erprobten multiplen linearen Regression. Der zweite Ansatz kombiniert eine einfache Regression mit einer Exponentialfunktion. Es werden drei Sensoren an der Maschinenstruktur für die Korrektur gewählt. Der Vergleich der Korrekturergebnisse unter Zerspanbedingungen zeigt, dass der zweite Ansatz der bessere ist und die Verlagerung um bis zu 60 % reduziert. Ebenfalls 2002 verfolgen Tseng und Chen [TSEN02b] den gleichen Fuzzy-Ansatz wie Lee [LEE01b] ein Jahr früher. Allerdings ziehen die Autoren einen Vergleich zwischen der Korrekturqualität von Modellen auf Basis der Fuzzy-Logik und derjenigen auf Basis der multiplen linearen Regressionsanalyse. Sie kommen zu dem Ergebnis, dass der Fuzzy-Ansatz geeigneter ist. Lee und Yang verfolgen ihrerseits 2002 den linearen Temperatur-Verlagerungs-Ansatz [LEE02].

Yang, Ren und Du greifen ebenfalls die multiple Regressionsanalyse für die Modellierung des thermoelastischen Verhaltens einer doppelspindeligen Drehmaschine auf [YANG02]. Das Bemerkenswerte an ihren Modellen ist, dass nicht nur einzelne Strukturtemperaturen verwendet werden, sondern auch Temperaturdifferenzen. Insgesamt kommen 16 Temperatursensoren zur Anwendung. Die thermischen Korrekturmodelle werden mit geometrischen Fehlermodellen kombiniert. Hier benutzen die Autoren homogene Transformationsmatrizen und geben an, insgesamt 23 Maschinenfehler korrigieren zu können. Eine Erprobung der vorgeschlagenen Korrekturmethode soll eine Fehlerreduzierung von 60 µm auf 14 µm bringen.

Du und Yang verwenden zur Modellherleitung die multiple orthogonale Regressionsanalyse und korrigieren die thermisch bedingte TCP-Verlagerung einer Drehmaschine [DU02]. Bei der orthogonalen linearen Regression wird eine Gerade durch eine Punktemenge gelegt, sodass der orthogonale Abstand dieser Punkte von der Geraden im quadratischen Mittel minimal wird. Die so gefundene lineare Gleichung basiert auf vier Temperatursensoren. Der Drehfehler kann von 35 µm auf 12 µm reduziert werden.

Lee, Choi und Choi verfolgen den mehrmals untersuchten linearen Zusammenhang zwischen Strukturtemperatur und TCP-Verlagerung [LEE03]. Das Neue an ihrem Vorgehen ist die Bestimmung relevanter Temperaturmessstellen mit einer Methode, die sie Independent Component Analysis (ICA) nennen. Zusätzlich greifen die Autoren zu einer Art Korrelationsanalyse (Optimal Brain Surgeon, OBS) und eliminieren Temperatursensoren mit redundanter Information. Die Implementierung der Korrekturmethode in eine Werkzeugmaschinensteuerung führt laut der dargestellten Ergebnisse zu einer Verlagerungsreduktion in Z-Richtung von 155 µm auf 4 µm.

Yang und Ni schlagen vor, für die Modellierung des thermoelastischen Maschinenverhaltens die Struktur eines linearen dynamischen Systems zu verwenden [YANG03]. Ihre Wahl fällt auf das Output-Error-Modell (OE-Modell), eine Spezialform des Box-Jenkins-Modells (BJ-Modell). Die Box-Jenkins-Modelle gehören zu den Zeitreihenmodellen, die das Muster der Zeitreihe aus den vorliegenden Datenwerten bestimmen. Das Modell benutzt für die Verlagerungsberechnung zwei Temperatursensoren an der Spindel. Experimentelle Untersuchungen an einem Spindelprüfstand zeigen eine gute Übereinstimmung zwischen berechneter und gemessener Verlagerung für die X- und Y-Richtung.

Chen und Hsu untersuchen das thermoelastische Verhalten einer Motorspindel an einem Prüfstand, d.h. ohne eine Maschinenstruktur [CHEN03]. Sie modellieren es mit unterschiedlichen Ansätzen, um die Korrekturmethoden miteinander vergleichen zu können. Zu den temperaturbasierten Ansätzen gehören die lineare multiple Regressionsanalyse und die Modellierung mit Differenzengleichungen. Chen und Hsu kommen zu dem Ergebnis, dass eine Modellierung mit Differenzengleichungen zu den besseren Korrekturergebnissen führt, gehen allerdings auf die Ordnung der optimalen Gleichung nicht ein. Die Autoren untersuchen ebenfalls hybride Modellierungsmethoden, die in Kapitel 2.4 beschrieben werden.

Wessel et al. modellieren eine Werkzeugmaschinenspindel mit Hilfe der nichtlinearen Regressionsanalyse [WESS04b], [WESS04a], [KONV04]. Sowohl die Modellierung als auch die Erprobung erfolgen lediglich in einer FE-Simulation.

Kushnir nutzt die FE-Analyse für die Bestimmung der für die Korrektur relevanten Temperaturmessstellen an einer Schrägbettdrehmaschine [KUSH05]. Anschließend untersucht er die reale Werkzeugmaschine, indem er an den zwölf identifizierten Temperaturmessstellen die Strukturtemperatur und gleichzeitig die Verlagerung am TCP misst. Mit der Korrelationsanalyse wählt er von den ursprünglichen zwölf Messstellen vier aus und bestimmt mit Hilfe der Regressionsrechnung eine lineare Temperatur-Verlagerungs-Funktion. Korrekturergebnisse zeigen eine Verlagerungsreduzierung um den Faktor 1,5 bis 3, abhängig vom Drehprozess.

Yang und Ni modellieren eine Werkzeugmaschinenspindel (ohne eine Maschinenstruktur) mit der multiplen linearen Regressionsanalyse, einem künstlichen neuronalen Netz in Feed-Forward-Architektur, einem rekurrenten neuronalen Netz (RNN) und einer Sonderform des rekurrenten Netzes. Die Strukturtemperatur wird an elf Stellen einer Fräsmaschine erfasst. Anschließend vergleichen sie die Ansätze bezüglich der Korrekturergebnisse [YANG05b]. Beide rekurrente KNN gehören zu der Gruppe der dynamischen neuronalen Netze. Laut Yang und Ni wird das gewöhnliche rekurrente KNN für stationäre Anwendungen verwendet. Deswegen modifizieren sie das RNN, indem sie es um einen Integrationstherm erweitern, wodurch sie dem Netz die Fähigkeit verleihen auch nichtstationäre Systeme erster Ordnung erfassen zu können. Der Vergleich der Korrekturergebnisse an einem Spindelprüfstand zeigt, dass die dynamischen neuronalen Netze allgemein besser sind als Modelle auf Basis der statischen KNN oder der multiplen linearen Regression. Das integrierte rekurrente neuronale Netz (IRNN) liefert die besten Ergebnisse. Im selben Jahr erweitern Yang und Ni die indirekte Korrektur auf Basis von dynamischen neuronalen Netzen um die direkte Korrektur [YANG05a]. Eine direkte Messung der thermisch bedingten TCP-Verlagerung ermöglicht die Korrektur der berechneten Werte und die Anpassung der Modellparameter. Die Unterbrechung des Prozesses wird dabei in Kauf genommen.

Eine eindeutige Wiederholung des Standes der Technik bezüglich der temperaturbasierten Modellierung und Korrektur der thermisch bedingten TCP-Verlagerungen stellt die Arbeit von Yang, Ren und Liu dar, die das thermoelastische Verhalten einer Drehmaschine mit der linearen multiplen Regressionsanalyse korrigieren [YANG05c].

Kang et al. [KANG06] verwenden zur Korrektur der thermisch bedingten Verformung zehn Temperatursensoren im Umfeld einer Werkzeugmaschine und 18 Temperatursensoren an ihrer Struktur. Die Korrekturmethode basiert auf einer Kombination zwischen einem künstlichen neuronalen Netz mit einer Feed-Forward-Struktur und einem linearen Modell für stationäre, zeitdiskrete stochastische Prozesse. Die Kombination reduziert die Trainingsdauer auf drei Stunden und erhöht geringfügig die Korrekturqualität gegenüber der Verwendung eines reinen KNN. Die Erprobung erfolgt unter leicht variierender Umgebungstemperatur, einer konstanten Spindeldrehzahl und Y-Position, wobei die beiden Achsen X und Z ohne Widerstand verfahren werden. Die Restabweichung ist im Vergleich zu den ursprünglichen Abweichungen ohne Korrektur relativ groß.

Delbressine et al. [DELB06] korrigieren das thermoelastische Verhalten einer Fräsmaschine. Die Modelle bestehen aus zwei Teilen. Zunächst wird mit den an der Maschinenstruktur gemessenen Temperaturen, der thermischen Kapazität, den thermischen Widerständen und der Geometrie der Maschinenelemente die Temperaturverteilung berechnet. Anschließend wird mit der berechneten Temperaturverteilung die Strukturverformung berechnet. Die Berechnungsmethode wird nicht dargestellt, sondern es wird auf andere Veröffentlichungen verwiesen. Das Ergebnis der Korrekturmethode wird mit einem Double-Ball-Bar verifiziert. Bis zu 60 % der Positionsabweichung im Arbeitsraum der modellierten Werkzeugmaschine können mit dem Ansatz berechnet werden.

Die Firma Okuma wirbt im Jahr 2006 mit ihrem thermofreundlichen Konzept (Thermo-Friendly-Concept), das an Schrägbettdrehmaschinen der Serie EX zur Anwendung kommt [N.N.06]. Das Unternehmen verspricht, bei einer Umgebungstemperaturänderung von 8 °C lediglich eine Abweichung von 5 µm im Durchmesser der Drehteile. Neben einer thermisch günstigen Konstruktion wird die TCP-Verlagerung mit Hilfe des linearen Temperatur-Verlagerungs-Ansatzes korrigiert, wobei nur wenige Temperatursensoren an der Maschinenstruktur verwendet werden.

Nestmann veröffentlicht im Rahmen der IWB-Seminarberichte eine Übersicht über die am IWB (Institut für Werkzeugmaschinen und Betriebswissenschaften) durchgeführten Arbeiten zum Thema Korrektur thermoelastischer TCP-Verlagerungen an Werkzeugmaschinen [NEST06]. Neben der linearen und nichtlinearen Regression präsentiert Nestmann die Korrektur mit einem intelligenten dynamischen Prozessmodell. Die thermisch bedingten Strukturverformungen werden mit Hilfe von Heizelementen korrigiert. Es handelt sich dementsprechend nicht um eine Korrektur im eigentlichen Sinne, sondern um eine Kompensation. Für die Kompensation werden zwei Heizelemente mit je 12 Watt Heizleistung und fünf Temperatursensoren verwendet. Nestmann geht weder auf die Struktur des dynamischen Prozessmodells noch auf die Kompensationsergebnisse ein.

Wang, Tseng und Lin schlagen vor, das thermoelastische Verhalten einer Fräsmaschine in Fahrständerbauweise mit künstlichen neuronalen Netzen auf Basis einer Fuzzy-Logik zu beschreiben [WANG06]. Sie verwenden zehn Temperatursensoren an der Maschinenstruktur und einen weiteren für die Messung der Lufttemperatur. Von den ursprünglichen elf Temperatursensoren werden mit Hilfe von Differentialgleichungen erster Ordnung die sechs Sensoren mit dem größten Einfluss auf das Verformungsverhalten bestimmt. Anschließend werden die künstlichen neuronalen Netze mit jeweils einem Temperatursensor trainiert. Die trainierten KNN, genannt „membership functions“, werden mit der Fuzzy-Logik in Abhängigkeit von der Maschinenbelastung gewichtet. Die TCP-Verlagerung wird für die Richtungen Y und Z korrigiert, wobei die Z-Verlagerung von 80 µm auf 9 µm reduziert werden kann.

Jędrzejewski et al. [JEDR07b] stellen in ihrer 2007 erschienenen Veröffentlichung den Einfluss der Umgebungstemperatur und den Einfluss der Spindelbelastung am Beispiel der Hochgeschwindigkeitszerspanung gegenüber. Sie korrigieren beide Einflüsse auf Basis von Temperaturmessungen und einem linearen Zusammenhang zwischen Strukturtemperatur und Verlagerung. Es wird gezeigt, dass die Art der Maschinenverkleidung einen starken Einfluss auf das thermisch bedingte Verlagerungsverhalten hat. Die Korrektur der TCP-Verlagerung erfolgt im Fall der Spindelbelastung auf Basis von Wälzlagertemperaturen. Die Autoren kommen zu dem Ergebnis, dass die Korrektur der thermisch bedingten Fehler bei variierenden Leerlauf-Spindeldrehzahlen sehr komplex und schwierig ist.

Die Forschungsarbeiten von Koscsák aus den Jahren 2005 [HEIS05] und 2006 [HEIS06] münden in die im Jahr 2007 erschienene Dissertation [KOSC07]. Gegenstand der Arbeit ist die Erfassung des thermischen Verhaltens von Vorschubantrieben mit Kugelgewindetrieb mittels Thermografie mit dem Ziel, die thermisch bedingten Verlagerungen zu korrigieren. Die entwickelte Vorgehensweise unterscheidet sich von den bekannten belastungsorientierten Berechnungsmodellen darin, dass die detaillierte Ermittlung der Temperaturverteilung in der Struktur ohne eine aufwendige thermodynamische Modellierung erfolgt. Auf diese Weise sind die bei der Modellierung, aufgrund der Vernachlässigungen und Vereinfachungen, auftretenden Abweichungen des Modells von den realen Vorgängen ausgeschlossen. Der Berechnungsvorgang basiert auf Temperaturmessungen, unterscheidet sich aber von den verlagerungsorientierten Modellen dadurch, dass die Verlagerungen mit Hilfe der detaillierten Erfassung der entlang der wichtigsten Bauteile herrschenden Temperaturfelder und eines Modells der Struktur berechnet werden. Die Berechnung der Verlagerungen erfolgt anhand eines geometrisch-kinematischen Modells. Die Korrekturergebnisse zeigen eine gute Übereinstimmung zwischen berechneter und gemessener Z-Verlagerung.

Kang et al. kombinieren 2007 ein künstliches neuronales Netz in Feed-Forward-Struktur mit einem hybriden Filter, der aus der linearen Regression, dem gleitenden Mittelwert und der Autoregression besteht [KANG07]. Die an einer Schleifmaschine gemessenen Temperaturen werden vom hybriden Filter benutzt um thermoelastische Verlagerungen zu berechnen. Anschließend werden die Verlagerungen normiert und dienen als Eingangsgröße in der Eingangsschicht des statischen Feed-Forward-KNN. Das KNN berechnet, nachdem es trainiert wurde, die TCP-Verlagerung in Y- und Z-Richtung. Die berechneten Korrekturergebnisse werden von den Autoren mit Hilfe einer FE-Simulation und experimentellen Messungen an einer Schleifmaschine bewertet. Abschließend erfolgt ein Vergleich der Korrekturergebnisse des vorgeschlagenen Ansatzes mit den Ergebnissen des gewöhnlichen Feed-Forward-Netzes, seiner Kombination mit der linearen Regressionsanalyse und den Ergebnissen des ARMA-Ansatzes (autoregressiver, gleitender Mittelwert). Die Ergebnisse zeigen, dass der gewählte Ansatz nicht nur bessere Korrekturergebnisse liefert als die anderen Methoden, sondern auch die Trainingsdauer gegenüber einem gewöhnlichen KNN von 48 Stunden auf 8 Stunden verkürzt.

Denkena und Scharschmidt [DENK07] stellen ein simulationsbasiertes Korrekturmodell vor, das sie an einem horizontalen Bohrwerk entwickeln. Der Einfluss der Umgebung wird mit dem linearen Temperatur-Verlagerungs-Ansatz beschrieben. Der Einfluss der inneren Wärmequellen wird dagegen mit der FE-Methode modelliert. Anders als bei rein korrelationsbasierten Verfahren sind hier laut der Autoren keine oder nur sehr wenige Messungen zur Identifikation der Parameter erforderlich. Darüber hinaus ist die Korrektur sofort nach dem Einschalten betriebsbereit. Im Gegensatz zu rein belastungsorientierten Verfahren ist hier keine Kenntnis der Belastungshistorie oder definierter Startbedingungen erforderlich. Dies hat allerdings eine systematische Abweichung des berechneten vom realen Verhalten zur Folge. Zudem ist das Verfahren, aufgrund der direkten Temperaturmessung, weniger anfällig gegenüber äußeren Einflüssen. Durch die Abbildung der kinematischen Struktur im Modell ist eine Berücksichtigung der Stellungsabhängigkeit gegeben. Es wird gezeigt, dass mit dem vorgestellten Korrekturalgorithmus eine Reduktion der linearen Positionierungenauigkeit einer Maschinenachse auf unter 10 µm möglich ist.

Jędrzejewski und Modrzycki korrigieren das thermoelastische Verhalten eines Bearbeitungszentrums mit Hilfe eines volumetrischen Fehlermodells, das auf Temperaturmessungen an zehn Stellen der Werkzeugmaschine basiert. Die Modellierung erfolgt unter variierenden, lastfreien Spindeldrehzahlen und sich ändernden Umgebungstemperaturen. Die Autoren gehen nicht auf die Modellstruktur ein und zeigen lediglich die Korrekturergebnisse in Z-Richtung. Das Modell reduziert die Z-Verlagerung von 100 µm auf ca. 12 µm [JEDR07a].

Im Jahr 2008 beschäftigen sich Li et al. mit der Frage, an welcher Stelle einer Werkzeugmaschine die Strukturtemperatur gemessen werden sollte, um einerseits mit so wenigen Messstellen und andererseits so effektiv wie möglich die thermisch bedingten TCP-Verlagerungen korrigieren zu können [LI08]. Sie verwenden hierfür Grey-System-Modelle, bei denen die Modellierung einerseits auf theoretischem Prozesswissen und andererseits auf empirischer Grundlage erfolgt. Das Ergebnis ist die Reduzierung der verwendeten Temperatursensoren von 16 auf vier Stück, wodurch die eigentliche Modellierungsdauer stark abnimmt und die Robustheit der Modelle zunimmt. Korrekturergebnisse werden nicht diskutiert.

Hao et al. korrigieren die thermisch bedingten TCP-Verlagerungen einer Drehmaschine mit Hilfe von fünf Temperaturmessstellen und einem genetischen Algorithmus [HAO08]. Genetische Algorithmen sind heuristische Optimierungsverfahren und gehören zu den evolutionären Algorithmen, die auch nicht analytisch lösbare Probleme behandeln können [GERD04]. Die Erprobung des Korrekturansatzes im Drehprozess zeigt, dass der thermisch bedingte Fehler im Durchmesser des Werkstücks von 27 µm auf 10 µm reduziert wird.

Zhu, Ni und Shih [ZHU08b] schlagen für die Korrektur thermisch bedingter Strukturverformungen ein Konzept vor, das ein Pendant zur dynamischen Modalanalyse darstellt. Die thermischen Moden werden mit Hilfe der FE-Methode untersucht. Für jeden Mode eines Z-Schiebers werden die Zeitkonstante, die Gewichtung und die Temperaturverteilung bestimmt, wodurch die für die Temperaturmessung optimalen Stellen gefunden werden. Zwischen den Temperaturmesswerten und der Strukturverformung wird eine lineare Regressionsgleichung aufgestellt, die sowohl positionsabhängige, als auch –unabhängige Strukturverformungen berechnet. Die praktische Erprobung des vorgestellten Ansatzes an einzelnen Maschinenkomponenten zeigt eine gute Übereinstimmung der berechneten Verlagerungen mit den gemessenen Werten. Die Korrektur der TCP-Verlagerung an einer gesamten Werkzeugmaschine basiert auf der Modellierung jeder einzelnen Maschinenkomponente [ZHU08a].

Im Jahr 2009 beschäftigen sich Yan und Yang mit der Bestimmung optimaler Temperaturmessstellen an einer Drehmaschine [YAN09]. Sie verwenden eine Korrelationsanalyse, die auf grauer Modellierungstheorie basiert, d.h. es werden sowohl theoretische als auch experimentelle Informationen benutzt. Diese resultieren aus Maschinenuntersuchungen mit lastfreier Spindeldrehung (Luftschnitt). Die Autoren reduzieren die Anzahl der Temperatursensoren von 16 auf vier Stück und untersuchen die Effizienz ihres Ansatzes während eines Drehprozesses. Die Ergebnisse zeigen, dass mit dem vorgeschlagenen Messstellenidentifikationsansatz die Modellierungszeit bei gleichzeitig erhöhter Korrekturqualität reduziert werden kann.

Eine weitere Wiederholung des Standes der Technik stammt von Zeng, Sun und Zhang, die das thermoelastische Verhalten einer Werkzeugmaschine mit künstlichen neuronalen Netzen (Backpropagation-Typologie) modellieren. Auch sie beweisen, dass die KNN in der Lage sind, thermisch bedingte Werkstückfehler zu reduzieren [HUAN09].

Denkena und Scharschmidt führen ihre Forschungsarbeit auf dem Gebiet des thermoelastischen Maschinenverhaltens fort und knüpfen an die Veröffentlichung aus dem Jahr 2007 [DENK07] an, indem sie den darin vorgestellten Ansatz steuerungstechnisch umsetzen [DENK09]. Bei dem vorgestellten Korrekturverfahren wird der positionsabhängige thermische Fehler für einen definierten Temperaturzustand mit 21 Fehlerkomponenten beschrieben.

Li et al. fassen den Stand der Technik auf dem Gebiet der Modellierung des thermoelastischen Werkzeugmaschinenverhaltens zusammen und bewerten ihn, wobei sie sich auf die temperaturbasierte Korrektur einschränken [LI09]. Sie postulieren einerseits die Einbindung der tribologischen Effekte in die Berechnung der thermisch bedingten Strukturverformungen und andererseits die Synthese zwischen empirischen und theoretischen Modellen.

Junyong et al. modellieren den Kugelgewindetrieb einer Fräsmaschine mit zeitdiskreten Übertragungsfunktionen und korrigieren die thermisch bedingte TCP-Verlagerung in X-Richtung in Abhängigkeit von der gemessenen Strukturtemperatur an zwei Stellen der Kugelrollspindel. Die Bestimmung der Polynomfaktoren des Zählers und des Nenners erfolgt mit der Methode der kleinsten Fehlerquadrate. Der Abgleich der berechneten mit der gemessenen Verlagerung zeigt gute Ergebnisse [JUNY09].

Hornych, Barta und Mares schlagen vor, die thermisch bedingte TCP-Verlagerung einer fremd angetriebenen Spindel in Z-Richtung mit Übertragungsfunktionen zu modellieren [HORN09]. Die Übertragungsfunktion wird zwischen der Lagertemperatur und der Z-Verlagerung aufgestellt. Die Autoren gehen nicht auf die Ordnung der Übertragungsfunktion ein, zeigen allerdings gute Korrekturergebnisse zwischen der berechneten und der gemessenen TCP-Verlagerung.

Im selben und darauf folgenden Jahr erscheinen drei weitere Veröffentlichungen von Horejs, Hornych, Barta, Mares und Kohut zum Thema Modellierung mit Übertragungsfunktionen mit nahezu gleichem Inhalt [HORE09], [HORE10], [MARE10]. Die Autoren unterscheiden zwischen der Modellierung des Maschinenverhaltens in Abhängigkeit von den internen Wärmequellen und der Modellierung in Abhängigkeit von der Umgebungstemperatur. Die Übertragungsfunktion, die den Einfluss der Umgebung beschreibt, ist vierter Ordnung, diejenige, die den thermischen Einfluss der Spindel beschreibt, zweiter Ordnung. Die Eingangsgrößen beider Übertragungsfunktionen sind gemessene Temperaturen. Im Fall des Spindeleinflusses ist es die Spindeltemperatur, im Fall des Umgebungstemperatureinflusses die Lufttemperatur. Es wird die TCP-Verlagerung in Y- und Z-Richtung korrigiert. Die Ergebnisse werden einerseits mit Messungen und andererseits mit den auf dem linearen Temperatur-Verlagerungs-Ansatz basierenden Korrekturergebnissen verglichen. Die Erprobung erfolgt anhand eines Drehzahlspektrums. Der Vergleich zeigt für beide Richtungen gute Ergebnisse und beweist, dass die Übertragungsfunktionen das thermisch bedingte Strukturverhalten einer Werkzeugmaschine besser beschreiben als der lineare Temperatur-Verlagerungs-Ansatz.

Ein weiterer Mitarbeiter des gleichen Prager Institutes, Vyroubal, korrigiert die thermisch bedingte TCP-Verlagerung eines Bearbeitungszentrums in Z-Richtung mit der bereits mehrfach erprobten multiplen Regressionsanalyse [VYRO10]. Er verwendet aber nicht nur Strukturtemperaturen, sondern auch die Temperatur der Spindelkühlung. Insgesamt werden vier Temperaturen zur Berechnung der Z-Verlagerung herangezogen. Die Testergebnisse zeigen mit der Kühltemperatur eine bessere Korrekturqualität als ohne.

Guo, Yang und Wu greifen bei der Korrektur der thermisch bedingten TCP-Verlagerungen einer Schrägbettdrehmaschine zu den künstlichen neuronalen Netzen [GUO10]. Es werden zunächst zwölf Temperatursensoren verwendet. Durch ihre Gruppierung und die multiple Korrelationsanalyse werden vier Temperatursensoren bestimmt, mit denen ein künstliches neuronales Netz in Backpropagation-Architektur mit einem Ameisenalgorithmus (ant colony algorithm-based back propagation neural network: ACO-BPN) entwickelt wird. Ein Ameisenalgorithmus ist ein Verfahren der kombinatorischen Optimierung. Die Erprobung der vorgeschlagenen Korrekturmethode in der Fertigung zeigt, dass die thermische Drift bei dem gedrehten Durchmesser von 33 µm auf 8 µm reduziert werden kann.

Am Beispiel einer 5-Achs-Fräsmaschine zeigt Mayr [MAYR10] ein lineares Korrekturmodell basierend auf nur wenigen Temperaturmesspunkten. Die Methode eignet sich gut, wenn die zu korrigierende thermische Drift charakteristisch für die Maschine ist und die Temperaturmesspunkte nicht von anderen temperaturfeldbestimmenden Effekten überlagert werden. Mayr erkennt dabei den Nutzen von IR-Kameras bei der messtechnischen Erfassung des Temperaturfeldes von Werkzeugmaschinen. Zusätzlich korrigiert er das thermoelastische Verhalten einer 3-Achs-Fräsmaschine, indem er aus einem Simulationsmodell der Maschine mit der Finite-Differenzen-Element-Methode (FDEM) ein onlinefähiges Korrekturmodell erstellt. Das Korrekturmodell bildet die transiente Temperaturverteilung der Maschine mit einem dreidimensionalen physikalischen Modell nach. Durch Reduktionsverfahren entsteht ein lösbares Gleichungssystem, mit dem die TCP-Verlagerungen an beliebigen Achspositionen im Arbeitsraum berechnet werden können. Die Achspositionen sind dabei so gewählt, dass aus den an diskreten Raumpunkten berechneten TCP-Verlagerungen die thermisch verursachten Lage- und Komponentenabweichungen im Arbeitsraum bestimmt werden können. An einem Beispiel wird gezeigt, dass mit der Methode die thermisch verursachten Verlagerungen korrigiert werden können. Das numerische Modell der Maschine berücksichtigt sowohl berechnete Wärmeeinträge als auch Temperaturmesswerte.

Zhang et al. greifen 2011 zu radialen Basisfunktionen, einer besonderen Form der künstlichen neuronalen Netze, und korrigieren das thermisch bedingte Verhalten eines Bearbeitungszentrums im ganzen Arbeitsraum [ZHAN11]. Um die Fehler für die Modellierung zu erfassen, schlagen die Autoren vor, entlang von vier Arbeitsraumdiagonalen neun geometrische Fehler in Abhängigkeit von unterschiedlichen Temperaturzuständen zu messen. Gleichzeitig wird die Strukturtemperatur an zwölf Stellen gemessen. Die radialen Basisfunktionen werden in der Eingangsschicht sowohl mit den zwölf gemessenen Temperaturen als auch mit der X-, Y- und Z-Position versorgt und berechnen die TCP-Verlagerung für alle drei Richtungen in den Raumpunkten, in denen die geometrische Abweichung für die Modellierung erfasst wurde. Zwischen den Punkten wird der Fehler mit linearer Interpolation berechnet. Die volumetrische Abweichung zwischen der Soll- und der Ist-Position kann laut der Autoren bemerkbar reduziert werden. Auf den tatsächlichen Einfluss der Temperatur bei der Korrektur im Raum gehen die Autoren nicht ein.

Im selben Jahr verwenden Yang et al. [YANG11] für die Korrektur eine weitere Sonderform der künstlichen neuronalen Netze. Das hier vorgeschlagene Elman-Netz entspricht einem modifizierten rekurrenten neuronalen Netz, das durch seine Rückkopplungen von Kanten zwischen den künstlichen Neuronen in der Lage ist, zeitliche Abhängigkeiten von Eingaben zu verarbeiten. Es werden drei Temperatursensoren an der Maschinenstruktur und ein Sensor zur Erfassung der Lufttemperatur verwendet. Die Temperaturänderung und die daraus resultierende TCP-Verlagerung werden durch die lastfreie Drehung der Hauptspindel (Luftschnitt) verursacht. Mit den erfassten Daten wird das Elman-Netz trainiert. An einem vom Training unabhängigen Datensatz wird die vorgeschlagene Korrekturmethode verifiziert, wobei lediglich die TCP-Verlagerung in Z-Richtung in der Aufwärmphase dargestellt wird. Die Autoren ziehen bezüglich der Korrekturergebnisse einen Vergleich zwischen dem vorgeschlagenen Elman-Netz und radialen Basisfunktionen und behaupten, dass das Elman-Netz bessere Korrekturergebnisse liefert. Das Elman-Netz soll in der Lage sein, 90 % der thermisch bedingten TCP-Verlagerungen vorhersagen zu können. Diese Aussage wird weder mit Korrekturergebnissen bewiesen noch wird sie bezüglich der Langzeitstabilität spezifiziert.

Qianjian und Jianguo schlagen für die Korrektur thermisch bedingter TCP-Verlagerungen einer Schrägbettdrehmaschine die Modellierung auf Basis der Projection Pursuit Regression vor [QIAN11]. Bei der Projection Pursuit Regression wird im Regressionsfall die unbekannte Regressionsfunktion iterativ durch Regressionsfunktionen auf den projizierten Daten dargestellt. Die Daten werden während des Spindelbetriebes (Luftschnitt) mit einem kapazitiven Wegsensor in X-Richtung (radiale TCP-Verlagerung) und 15 Temperatursensoren an der Maschinenstruktur erfasst. Das auf Basis der Daten hergeleitete Modell wird im Drehprozess verifiziert. Die thermisch bedingte Durchmesserabweichung wird laut der Autoren von 34 µm auf 5 µm reduziert.

2.3 Korrektur auf Basis von Steuerungsdaten

Correction based on NC data

Heisel entwickelt bereits 1980 eine Korrekturmethode auf Basis von Drehzahl-Verlagerungskennfeldern [HEIS80]. Es wird dabei ein linearer Zusammenhang zwischen der eingestellten Spindeldrehzahl und der TCP-Verlagerung im Beharrungszustand angenommen. Für die Korrektur während der instationären Erwärmungsphase wird das Kennfeld um die Größe Betriebsdauer erweitert. Dieser Ansatz ist folglich nicht für den instationären Maschinenbetrieb geeignet.

Spur, Hoffmann und Suppanz schlagen eine Methode zum Ausgleich thermisch bedingter axialer Spindelverlagerungen an einer Drehmaschine vor [SPUR86]. Dabei werden die Lösungen der Wärmeleitungsgleichung und die daraus berechneten zeitlichen Verhalten von Verlagerungen mit zweiparametrigen e-Funktionen beschrieben, deren Koeffizienten für eine bestimmte Maschine nur von der Drehzahl abhängen. Diese Koeffizienten werden aus Messwerten berechnet. Die Verlagerung nach einer Drehzahländerung wird als Summe aus einem Abkühlungs- und einem Erwärmungsanteil zusammengesetzt (Superposition). Die Korrektur wird durchgeführt, indem diese Rechenwerte als Nullpunktverschiebung in der Steuerung eingegeben werden. Messungen bei wechselnden Drehzahlen ohne Last zeigen, dass auf diese Weise mehr als 90 % der thermisch bedingten Verlagerungen korrigiert werden können.

Paluncic entwickelt 1990 eine Beschreibungsfunktion für die axiale Spindelkragarmausdehnung, die auf einer Wärmebilanz an der Spindel basiert [PALU90]. Diese berücksichtigt die spezifische Dichte, die Wärmekapazität und die Wärmemenge. Die Bestimmung des instationären Temperaturfeldes und der daraus resultierenden Verlagerung wird für die Betriebszustände Spindelerwärmung, Spindelabkühlung und Drehzahlwechsel durchgeführt. Für die Bestimmung werden lediglich die Spindeldrehzahl im Leerlauf und die Laufzeit, allerdings ohne Zerspankräfte und den Kühlschmierstoffeinsatz, verwendet.

Wulfsberg bestimmt ein Jahr später für den instationären Betrieb einer Flachschleifmaschine das Verformungsverhalten mit der Drehzahl als einzige Eingangsgröße [WULF91]. Nach der messtechnischen Ermittlung des Systemverhaltens für verschiedene Betriebszustände erfolgt eine Systemidentifikation auf Basis von einem Verzögerungsglied erster bzw. zweiter Ordnung. Die Erprobung dieser Korrekturstrategie zeigt, dass das Verformungsverhalten in Z-Richtung von zwei Planschleifmaschinenspindeln mit einem PT1-Glied beschrieben werden kann. Das Verformungsverhalten in Y-Richtung an der Maschine B wird am besten mit einem PT2-Glied abgebildet. Die Anwendung der Korrekturmethode erfolgt lediglich unter Leerlaufbedingungen und senkt die TCP-Verlagerung um bis zu 60 %. Um die Korrekturqualität zu erhöhen, kombiniert Wulfsberg die indirekte mit der direkten Korrektur.

Nestmann stellt 1992 die Messmethode „Automatische Messung der thermischen Verlagerung mit temperaturstabilem Prüfnormal“ vor, die es gestattet, die räumliche Struktur von translatorischen und rotatorischen Achsen eines Fräsbearbeitungszentrums in Abhängigkeit von den Temperaturgradienten der Maschine zu bestimmen [NEST92]. Auf dieser Grundlage sei eine fertigungsverfahrensbezogene Korrektur von thermischen Verlagerungen möglich. Das Messverfahren wird unter fertigungsrealen Betriebsbedingungen erprobt. Die Ergebnisse der Korrektur werden allerdings nicht diskutiert.

Li, Zhang und Zhang schlagen in ihrer 1997 erschienenen Veröffentlichung ähnlich wie Wulfsberg vor, die thermoelastische TCP-Verlagerung, die aus der Spindeldrehung resultiert, auf Basis der Spindeldrehzahlmessung zu korrigieren [LI97]. Untersuchungsgegenstand ist eine Fräsmaschine in vertikaler Bauweise. Ihre Messungen zeigen, dass weder die X- noch die Y-Position viel Einfluss auf das Verlagerungsverhalten in Z-Richtung hat. Da die Z-Verlagerung von der Z-Position abhängt, wird die Werkzeugmaschine für vier Z-Positionen im Abstand von 100 mm modelliert. Für die Modelle werden Differenzengleichungen ersten Grades verwendet. Die Korrekturmethode wird beim Fräsen von Nuten erprobt, indem auf Basis der im NC-Programm einprogrammierten Drehzahlen und der Bearbeitungszeit die Z-Position um die erwartete Verlagerung im Vorfeld korrigiert wird. Das Ergebnis der Zerspanung zeigt, dass die Anwendung der Korrekturmethode den thermisch bedingten Fehler von 7 µm auf 2 µm reduziert.

Brecher, Weck und Hirsch modellieren sieben Jahre später das thermoelastische Verhalten einer Fräsmaschine in Fahrständerbauweise, indem sie für mehrere Betriebspunkte jeweils ein Verzögerungsglied erster und ein Verzögerungsglied zweiter Ordnung addieren [BREC04]. Es wird eine Übertragungsfunktion zwischen Drehzahlen bzw. Drehmomenten der Hauptspindel bzw. der Vorschubantriebe und der TCP-Verlagerung parametriert. Sowohl die Drehzahl als auch das Drehmoment können der Maschinensteuerung ohne externe Sensorik entnommen werden. Da das thermoelastische Verhalten einer Werkzeugmaschine stark nichtlinear ist, wird die Maschine in vier Betriebspunkten modelliert (25%, 50%, 75% und 100% der maximalen Spindeldrehzahl). Für jede Belastungsart und jede der drei TCP-Richtungen werden jeweils zwei Übertragungsfunktionen erstellt: eine für die Aufwärmphase und eine für die Abkühlphase. Beide Phasen werden separat betrachtet, weil sie verschiedene Zeitkonstanten aufweisen. Der thermische Einfluss der Umgebung wird ebenfalls mit der Summe aus zwei Verzögerungsgliedern modelliert. Die Übertragungsfunktion wird zwischen Umgebungstemperatur und TCP-Verlagerung parametriert, wobei hier auch jede Richtung separat betrachtet wird. Die Modelle werden in einer Datenbank gespeichert und je nach Drehzahl wird das entsprechende Modell aufgerufen. Die berechneten Verlagerungen werden addiert und als Offset an die Steuerung der Maschine gesendet, um die aktuelle TCP-Position um den berechneten Wert zu korrigieren. Die Erprobung der Modellierungs- und Korrekturmethode erfolgt bei lastfreier Spindeldrehung und lastfreiem Verfahren der Y- und Z-Achse, was lediglich für das Schlichten sinnvoll ist. Es wird keine Teilung des Belastungs-, sondern lediglich des Drehzahlspektrums vorgenommen, d.h. die Fräsmaschine wird nur in Abhängigkeit von der Drehzahl der Spindel modelliert. Die Ergebnisse zeigen, dass die TCP-Verlagerung um bis zu 80 % reduziert werden kann. Die Belastung der Werkzeugmaschine, wie sie während des Schruppens vorliegt, wird in den Modellen nicht abgebildet.

Lin und Chang schlagen 2007 vor, das thermoelastische Maschinenverhalten infolge lastfreier Spindeldrehung mit multipler Regressionsanalyse in Abhängigkeit von der Spindeldrehzahl zu modellieren [LIN07]. Sie korrigieren lediglich die Z-Verlagerung, testen den Ansatz aber im Bohrprozess. Der Korrekturansatz reduziert den Fehler von 62 µm auf durchschnittlich 2 µm. Weder die Korrekturqualität im instationären Zustand noch die Langzeitstabilität werden angesprochen.

2.4 Korrektur auf Basis von Mischgrößen und Bauteildehnung

Correction based on mixed input variables and component elongation

Neben der multiplen Regressionsanalyse untersucht Heisel bereits im Jahr 1980 die Korrektur der thermisch bedingten TCP-Verlagerungen auf Basis von Spindeldrehzahlen [HEIS80]. Er stellt fest, dass die Gewichtung der Temperaturen drehzahlabhängig erfolgen muss und erweitert seinen Ansatz daher um einen Drehzahlterm zweiter Ordnung, wodurch ein hybrider Korrekturansatz entsteht. Der instationäre Maschinenbetrieb wird dabei nicht berücksichtigt. Am Beispiel einer untersuchten NC-Drehmaschine beträgt die Streubreite der Restverlagerung in axialer Richtung der Hauptspindel im Leerlaufdauerbetrieb weniger als ± 15 µm gegenüber maximal 230 µm.

Außer der Spindeldrehzahl und der Strukturtemperatur verwendet Wulfsberg zur Korrektur der thermisch bedingten TCP-Verlagerungen einer Planschleifmaschine einen Dehnstab aus Invarstahl [WULF91]. Dieser wird an seinen beiden Enden fest mit dem Spindelstock verbunden. Durch thermisch bedingte Strukturverformungen des Spindelstocks wird der Dehnstab unter Zugspannung gesetzt. Der auf dem Dehnstab applizierte Dehnungsmessstreifen erfasst eine Verformung, die in einem proportionalen Zusammenhang zur Bauteildehnung steht. Die vorgeschlagene Korrekturmethode wird von Wulfsberg im instationären Leerlaufbetrieb der Spindel verifiziert. Sowohl der Einsatz unter Bearbeitungsbedingungen als auch die Frage der Bestimmung des geeigneten Anbringungsortes des Stabes in Verbindung mit der zu wählenden Stablänge werden nicht diskutiert.

Eine der ersten Forschungsarbeiten, in der künstliche neuronale Netze zur Korrektur der thermisch bedingten Drift verwendet werden, stammt von Hatamura et al. [HATA93] aus dem Jahr 1993. Das Besondere am dem Vorgehen ist, dass die Verlagerungskorrektur nicht NC-intern erfolgt, sondern über Stellglieder, d.h. über Kühl- und Heizelemente, die am Maschinenständer einer Fräsmaschine angebracht sind. Die Verlagerungen werden an vier Stellen des Spindelkopfes mit Dehnungsmessstreifen gemessen. Durch gezieltes Kühlen und Erwärmen des Maschinenständers wird die Strukturverformung ausgeglichen. Hier wird im Grunde genommen nicht von einer Korrektur, sondern von einer Kompensation gesprochen. Für die Berechnung der erforderlichen Kühl- bzw. Heizleistung werden die gemessenen Verformungen einem künstlichen neuronalen Netz zur Verfügung gestellt, das im Vorfeld trainiert wird. Die Autoren stellen fest, dass ein dreischichtiges Netz bessere Ergebnisse liefert als ein vierschichtiges. Die thermisch bedingte TCP-Verlagerung kann um bis zu 80 % reduziert werden.

Stehle veröffentlicht 1996 [HEIS96] und 1997 [HEIS97] Forschungsarbeiten zum Thema Korrektur thermisch bedingter Deformationen an Werkzeugmaschinen, die in seine Dissertation 1998 münden [STEH98]. In dieser korrigiert Stehle die thermisch bedingte TCP-Verlagerung einer Fräsmaschine in Konsolständerbauweise mit der Fuzzy-Logik, indem er die Größen Temperatur und Drehzahl in Fuzzy-Sets von „kalt" bis „sehr heiß", bzw. von „gering" bis „sehr hoch" einteilt. Anschließend verwendet er einen Algorithmus, mit Hilfe dessen aus den Input-Fuzzy-Sets Output-Fuzzy-Sets werden. Die Output-Fuzzy-Sets beschreiben mit „gering" bis „sehr hoch" die aus der Drehzahl bzw. der Temperatur resultierenden Verlagerungen. Die unscharfe Zuordnung wird anschließend in eine skalare Größe umgewandelt. In den dargestellten Beispielen zur Berechnung thermischer Verlagerungen in Abhängigkeit von unterschiedlichen Drehzahlen, wechselnden Umgebungstemperaturbedingungen und Spindelpositionen sowie unter Zerspanbedingungen können gute Korrekturergebnisse erzielt werden.

Moriwaki und Shamoto schlagen 1998 vor, die TCP-Verlagerung einer ultrapräzisen luftgelagerten Spindel mit Übertragungsfunktionen zu korrigieren, die sie in der Modellierungsphase aus einem Drehzahlimpuls und der daraus resultierenden TCP-Verlagerung gewinnen [MORI98]. Ihre Arbeit konzentriert sich lediglich auf das Spindelsystem und nicht auf die ganze Maschinenstruktur. Zusätzlich wird der thermische Einfluss der Umgebung auf das Spindelsystem mit Übertragungsfunktionen zwischen Lufttemperatur und Verlagerung korrigiert. Auch in diesem Fall wird die Übertragungsfunktion aus der Beziehung zwischen impulsartiger Umgebungstemperaturänderung und der Impulsantwort des Spindelsystems gewonnen. Die Ergebnisse der Korrektur zeigen, dass die thermisch bedingte TCP-Verlagerung um bis zu 85 % korrigiert werden kann.

Im selben Jahr entwickeln Rall und Findeklee einen Korrekturansatz für Spindelsysteme. Der Ansatz basiert auf der Zusammenführung eines Modells des thermischen Verhaltens mit einem Modell der kinematischen und thermischen Verlagerung [RALL98]. Beim Modell des thermischen Verhaltens wird jedes Element der Spindel modelliert, indem jedem Element thermische Eigenschaften wie Wärmespeicherkapazität und Wärmeübergangswiderstand zugewiesen werden. Die aufgestellten Bilanzgleichungen bilden zusammen ein gewöhnliches lineares Differentialgleichungssystem, dessen Parameter temperatur- und drehzahlabhängig sind. Die Ursache einer weiteren thermischen Verlagerung liegt dagegen in der Lagerkonstruktion der Spindel. Die Lagerringe erwärmen sich unterschiedlich, wodurch es zu einer axialen TCP-Verlagerung und einer kinetischen Verlagerung des Innenrings kommt. Diese entsteht durch drehzahlabhängige Fliehkräfte und Kreiselmomente an den Kugeln. Die Grundlage für das entsprechende Modell bilden Formeln für die Hertzsche Flächenpressung, Kräftegleichgewichte und Drallsätze für die einzelnen Kugeln und Kräftegleichgewichte an den Lagerringen. Durch die Kombination beider Modelle kann in Abhängigkeit von der Drehzahl und der Temperatur die axiale TCP-Verlagerung berechnet werden.

Ahn und Cho präsentieren ein Messsystem, mit dem sie laut ihrer 1999 erschienen Veröffentlichung [AHN99] in der Lage sind, während der Zerspanung die thermisch bedingte Verlagerung zwischen Tisch und TCP zu erfassen. Auf Basis der Messungen entwickeln sie ein dreilagiges Feed-Forward-Netz, das in der Eingangsschicht mit acht Neuronen arbeitet. Jedes Neuron steht für eine Eingangsgröße. Die acht Eingangsgrößen, in deren Abhängigkeit sowohl die Verlagerung in X-, Y- und Z-Richtung als auch die Neigung um die X- bzw. Y-Achse berechnet wird, sind die Zustellungstiefe des Fräsers, die Spindeldrehzahl, die durchschnittlichen Zerspankräfte in X- und Y-Richtung, die Zeit seit Beginn der Zerspanung, die X- und Y-Position des TCP und die Umgebungstemperatur. Die Kräfte werden berechnet, die anderen Größen gemessen. Der vorgeschlagene Ansatz wird an einer dreistündigen Zerspanung erprobt und zeigt gute Korrekturergebnisse.

Großmann und Jungnickel schlagen 1999 einen Korrekturansatz vor, der last- und positionsunabhängig ist und korrigieren die thermoelastische TCP-Verlagerung eines Bearbeitungszentrums [GROß99]. Für die Verformungsberechnung wird das Maschinenmodell in einzelne Körper zerlegt, deren thermische Verformung näherungsweise als freie thermische Dehnung bestimmt wird. Über Temperaturdifferenzen, die aus Temperaturpunkt-Paaren gebildet werden, lässt sich die Bauteilkrümmung ermitteln. Die Einzelverformungen werden in Abhängigkeit vom Strukturaufbau für die Korrekturstützpunkte auf die Wirkstelle transformiert. Das instationäre Temperaturfeld erhält man mit dem so genannten Knotenpunktmodell (auch strukturbasiertes Zustandsmodell genannt). Dabei wird die Verlustleistung des Hauptantriebs, der Hauptspindel und der Vorschubachsen, abhängig von der im aktuellen Zeitschritt vorliegenden Drehzahl, Zerspanungsleistung, Vorschubgeschwindigkeit und Achsposition, an den entsprechenden Knoten eingespeist. Die veränderlichen Umgebungstemperaturen werden gemessen und im Modell berücksichtigt. Der vorgeschlagene Ansatz erweist sich als sehr zeit- und kostenintensiv, ermöglicht aber eine Simulation des thermischen Verhaltens ganzer Werkzeugmaschinen. Ein weiterer Nachteil der strukturbasierten Zustandsmodelle ist die Abhängigkeit der Lösung von den Anfangsbedingungen. Im Jahr 2000 erscheinen weitere Forschungsarbeiten zum Thema Knotenpunktmodelle. In [JUNG00b] wird gezeigt, dass mit dem vorgeschlagenen Modellierungsansatz Prozesse und sogar Strukturänderungen abgebildet werden können. Damit sind laut Aussage des Autors die Voraussetzungen für den Aufbau einer virtuellen Werkzeugmaschine bzw. eines virtuellen Prozesses hinsichtlich des thermischen Verhaltens gegeben. Im Rahmen der Arbeit wird das Korrekturmodell als Programmmodul auf einem externen Rechner betrieben. Der Nachweis der Anwendbarkeit dieses Ansatzes unter Produktionsbedingungen erfolgt nicht, wird allerdings angestrebt. In [JUNG00a] und [GROß01] werden die Modellierung und die Korrektur des thermischen Verhaltens eines Mehrspindel-Drehautomaten beschrieben. Jungnickel kommt zu dem Ergebnis, dass mit dem thermischen

Zustandsmodell Lastfalluntersuchungen, Einflussanalysen von Baugruppen und Wärmequellen und Variantenuntersuchungen möglich sind. Die Erprobungsergebnisse zeigen, dass sich bis zu 70 % der thermisch bedingten Fehler mit dem entwickelten Knotenpunktmodell korrigieren lassen. Im selben Tagungsband gibt Großmann einen Überblick über die Problematik und Bedeutung der Thermik an Werkzeugmaschinen, die produktionstechnische Entwicklung und den veränderten thermischen Charakter der Werkzeugmaschine, das Potential zur Beeinflussung der thermischen Eigenschaften bei Entwurf und Betrieb der Werkzeugmaschine, thermische Analysen von Werkzeugmaschinen und Kompensations- und Korrekturansätze [GROß00]. Zwei Jahre später präsentieren Großmann und Jungnickel ihre Korrekturmethode am Beispiel des bereits erwähnten Mehrspindel-Drehautomaten und eines Bearbeitungszentrums dem internationalen Publikum [GROß02].

Chen und Hsu untersuchen neben dem Temperatur-Verlagerungs-Ansatz auch hybride Methoden zur Modellierung und Korrektur des thermoelastischen Verhaltens einer Motorspindel (ohne Maschinenstruktur) [CHEN03]. Für alle hybriden Ansätze verwenden sie zur Modellierung eine Differenzengleichung, deren Ordnung dem Leser unbekannt bleibt. Zu den erprobten Kombinationen gehören Temperatur-Spindeldrehzahl, Verlagerung-Spindeldrehzahl und Temperatur-Verlagerung-Spindeldrehzahl. Die Temperatur wird an vier Stellen der Motorspindel erfasst, die Spindeldrehzahl wird der Steuerung entnommen und die Verlagerung wird direkt an der Welle gemessen. Dadurch ist das Verfahren nicht mehr eindeutig den indirekten Korrekturmethoden zuzuordnen. Der Vergleich der Korrekturansätze zeigt, dass die Modellierung auf Basis der Verlagerungsansätze die besten Ergebnisse liefert.

Kim und Chung entwickeln in den Jahren 2003 - 2004 für die Korrektur der thermisch bedingten TCP-Verlagerung eines vertikalen Bearbeitungszentrums in Z-Richtung eine hybride Methode, die sowohl die Spindeldrehzahl als auch die Strukturtemperaturen verwendet [KIM03], [KIM04]. Der entwickelte Algorithmus prüft die Spindeldrehzahl und wählt je nach Fall eine bestimmte Berechnungsvorschrift für die axiale TCP-Verlagerung. Die Verlagerung ist das Ergebnis aus Superpositionen der thermoelastischen Dehnung und Biegung einzelner Maschinenelemente in Abhängigkeit von der Temperatur. Die Temperatur-Verlagerungs-Funktion ist entweder ein Polynom erster Ordnung, zweiter Ordnung oder eine Interpolationsfunktion zwischen beiden Polynomen.

In [GROß04] verwenden Großmann und Jungnickel zur Modellierung des thermoelastischen Verhaltens einer Vorschubachse mit einem Kugelgewindetrieb ein Knotenpunktmodell und vergleichen die simulierte Verformung mit der gemessenen. Der Vergleich erfolgt bei einer konstanten Belastung der Vorschubachse, wobei die thermisch bedingte Verformung in mehreren Positionen gemessen wird. Die Ergebnisse zeigen, dass die Korrekturqualität von der Achsposition abhängt. Die Autoren untersuchen ebenfalls die Korrekturqualität in Abhängigkeit von der Vorschubgeschwindigkeit in der Achsposition, in der die Modellierung erfolgte. Es kommt dabei zu Abweichungen zwischen gemessener und simulierter Verformung von bis zu 30 %.

Zwei Jahre später veröffentlichen Großmann und Jungnickel eine Schrift zur prozessgerechten Bewertung des thermischen Verhaltens von Werkzeugmaschinen [GROß06d]. Sie geben unter anderem eine Übersicht über Korrekturverfahren und gehen im Detail auf die strukturbasierte Modellierung und Korrektur mit Knotenpunktmodellen ein. Es werden Korrekturergebnisse an unterschiedlichen Maschinenstrukturen präsentiert. Die Korrektur der thermisch bedingten TCP-Verlagerung eines Bearbeitungszentrums in X-, Y- und Z-Richtung infolge lastfreier Spindeldrehung nach DIN V 8602 [DIN V 8602 Teil 1], [DIN V 8602 Teil 2], [DIN V 8602 Teil 3] zeigt gute Ergebnisse. Der Modellierungsaufwand ist jedoch beachtlich.

Im selben Jahr findet das 11. Dresdner Werkzeugmaschinen-Fachseminar statt, in dem aktuelle Ergebnisse zur steuerungsintegrierten Korrektur thermisch bedingter Fehler im Arbeitsraum präsentiert werden. In [GROß06b] erläutern Großmann und Jungnickel zunächst die Modellierung und die Korrektur mit Knotenpunktmodellen und gehen exemplarisch auf die Ergebnisse, die bereits in [GROß06d] veröffentlicht wurden, ein. In [GROß06c] beschreiben Großmann et al. die Umsetzung der strukturmodellbasierten thermischen Korrektur in der Maschinensteuerung und in [GROß06a] zeigen Großmann und Jungnickel Anwendungsbeispiele zur Korrektur thermischer Verformungen unter Berücksichtigung der Prozesseinflüsse.

Die Knotenpunktmodelle werden ebenfalls im Tätigkeitsbericht 2005/2006 des Institutes für Werkzeugmaschinen und Steuerungstechnik beschrieben [JUNG07a], [JUNG07c], [JUNG07b].

Im Jahr 2008 erscheint eine weitere Veröffentlichung aus der Schriftenreihe des Lehrstuhls für Werkzeugmaschinen der TU Dresden [GROß08]. Diesmal beschreiben Großmann und Jungnickel die thermische Modellierung von Prozesseinflüssen an spanenden Werkzeugmaschinen mit Knotenpunktmodellen. Im ersten Teil der Arbeit wird die Parametrierung der thermischen Belastung durch den Fertigungsprozess, d.h. die Aufteilung der Zerspanungsleistung auf Werkzeug, Werkstück und Späne in Abhängigkeit von den Haupteinflussgrößen beschrieben. Der zweite Teil der Arbeit behandelt die Modellierung und Parametrierung der durch den Fertigungsprozess geprägten thermischen Randbedingungen im Arbeitsraum der Maschine. Im Einzelnen sind es die Beschreibung der Prozesskühlung unter dem Merkmal der höheren Temperaturen, der Wärmeübertragung an Spänen, die Modellierung von Spannmitteln und die Erstellung von reduzierten Werkstückmodellen. Im Ergebnis dieser Arbeit lässt sich die simulative Analyse des thermischen Verhaltens von spanenden Werkzeugmaschinen wesentlich qualifizieren. Bei der Korrektur der thermischen Verformungen an Werkzeugmaschinen mittels strukturbasierter Zustandsmodelle kann damit besser prozessaktuell auf veränderliche Fertigungsbedingungen reagiert werden.

Möhring beschäftigt sich in seiner 2008 erschienenen Dissertation unter anderem mit der Korrektur thermisch bedingter TCP-Verlagerungen an Werkzeugmaschinen

[MÖHR08]. Er koppelt ein kinematisches und ein kinetisches Strukturmodell mit einem thermischen Modell. Das in seiner Arbeit aufgestellte Berechnungsverfahren besteht aus vier Teilmodellen: einem Wärmequellenmodell, einem thermischen Teilmodell, einem thermoelastischen Teilmodell und einem thermokinematischen Modell. Für die Berechnung der instationären Wärmeverteilung in der Struktur verwendet Möhring analog zu Großmann und Jungnickel ein Knotenpunktmodell. Zur Verifikation der Berechnung des thermischen Maschinenverhaltens wird das thermische Verhalten simuliert, was keine wertvolle Beurteilung der Korrekturqualität ermöglicht.

Chang et al. schlagen 2009 vor, an den Kugelgewindetrieben einer Werkzeugmaschine Wirbelstromsensoren zur direkten Verlagerungsmessung zur verwenden [CHAN09]. Damit erfassen sie nicht nur thermisch bedingte Strukturverformungen der Kugelrollspindeln sondern auch deren Umkehrspiel. Die direkt gemessene Verlagerung wird benutzt, um die TCP-Verlagerung steuerungstechnisch zu korrigieren. Der Ansatz wird mit Double-Ball-Bar-Messungen verifiziert und zeigt gute Ergebnisse. Die Verformung der restlichen Maschinenstruktur wird hier allerdings nicht berücksichtigt.

Im Jahr 2010 erscheint eine weitere Veröffentlichung von Großmann und Mühl zum Thema Modellierung des thermoelastischen Verhaltens von Werkzeugmaschinen [GROß10a]. Die Autoren fokussieren ihre wissenschaftliche Arbeit auf die Reduktion strukturdynamischer und thermoelastischer FE-Modelle am Beispiel von Werkzeugmaschinen-Gestellbauteilen mit dem Ziel, die Algorithmen weiterzuentwickeln, in Software-Umgebungen zu implementieren und beispielsweise für die modellgestützte Korrektur thermoelastischer Fehler anzuwenden.

Creighton et al. [CREI10] analysieren zunächst die Temperaturverteilung einer Werkzeugmaschinenspindel mit der FE-Methode und bestimmen so die optimalen Temperaturmesspunkte. Die vorgestellte Korrekturmethode wird an einem Prüfstand lediglich für die Spindel und nicht für die gesamte Maschinenstruktur entwickelt. Mit den bei lastfreier Spindeldrehung (Luftschnitt) erfassten Temperaturen, Drehzahlen und TCP-Verlagerungen stellen die Autoren eine Exponentialfunktion für die TCP-Verlagerung in Z-Richtung auf, die eine Wachstums- und eine Beharrungskomponente beinhaltet. Die Wachstumskomponente beschreibt in Abhängigkeit von der Temperaturänderung die Verlagerung des TCP. Die Beharrungskomponente verwendet die Drehzahlen. Die Erprobung der vorgeschlagenen Korrekturmethode an einem Drehzahlspektrum zeigt, dass die TCP-Verlagerung der Spindel um bis zu 80 % reduziert werden kann.

Großmann und Rehn untersuchen die Eignung verfügbarer Wärmestromsensoren für die Messung des Wärmeaustauschs von Werkzeugmaschinen mit der Umgebung [GROß10b]. Eine Möglichkeit der Beschreibung des Umgebungseinflusses bei strukturbasierten Zustandsmodellen der indirekten Korrektur besteht in der Messung der an den Gestellbauteilen tatsächlich ausgetauschten Wärmeströme mittels Wärmestromsensoren und der Verwendung dieser Messwerte als Randbedingung im Simulationsmodell. Großmann und Rehn kommen zu dem Ergebnis, dass es nicht sinnvoll ist, durch das komplexe Fehlverhalten der Wärmestromsensoren im thermisch instationären Zustand einen konstanten Korrekturfaktor für den durch den Sensor gedrosselten Wärmestrom zu verwenden. Der Messfehler würde durch einen Korrekturfaktor zeitweise vergrößert werden. Ein Jahr später widmen sich Großmann und Rehn der Abbildung des Umgebungseinflusses bei der prozessparallelen thermischen Simulation, wobei verschiedene Ansätze zur Umgebungsbeschreibung untersucht werden [GROß11]: Modelle mit ausführlichen und vereinfachten Temperaturrandbedingungen, Modelle mit vereinfachten Temperaturrandbedingungen, allerdings mit Wärmestromrandbedingungen einerseits auf der Vorderseite und andererseits innen, dann aber mit Wärmestromrandbedingungen außen. Es werden gemessene und unter unterschiedlicher Berücksichtigung des Umgebungseinflusses berechnete Temperaturen der vorderen dem Wärmestrahler zugewandten Ständerwand verglichen. Großmann und Rehn kommen zu dem Ergebnis, dass durch die Verwendung gemessener Wärmeströme als Randbedingung in der thermischen Simulation von Werkzeugmaschinen bei gleich bleibender Abbildungsgenauigkeit die Beschreibung der Umgebungslasten drastisch vereinfacht und der Modellierungsaufwand deutlich reduziert werden. Dies gilt vor allem in Bezug auf die ausführliche Abbildung des Umgebungseinflusses mit Temperaturrandbedingungen. Des Weiteren erzielen die Wärmeströme bei der Beschreibung von hohen und komplex wirkenden Umgebungslasten einen deutlichen Genauigkeitsgewinn gegenüber der bisherigen vereinfachten Beschreibungsform mit Temperaturrandbedingungen. So können die bei der Beschreibung von hohen Umgebungslasten bisher verbleibenden großen Restfehler im Temperaturfeld um über 50 % verringert werden.

3 Aufgabenstellung und Zielsetzung

Task definition and objective

Der Stand der Technik in Forschung und Industrie zeigt, dass trotz zahlreicher nationaler und internationaler Arbeiten auf dem Gebiet des thermoelastischen Maschinenverhaltens, bedingt durch eine eingeschränkte Beherrschbarkeit der Problematik, ausgeprägter Forschungsbedarf besteht.

Die grundlegende Aufgabe dieser Arbeit ist die Untersuchung des thermischen, spindellastabhängigen Verhaltens einer Fräsmaschine unter konstanten Temperaturbedingungen. Der Schwerpunkt der Untersuchung liegt auf einer prozessähnlichen Belastung, allerdings ohne Zerspanung, d.h. ohne Wärmezu- oder –abfuhr durch Späne, Kühlschmierstoff oder den Prozess. Für die Untersuchung wird eine Belastungseinheit entwickelt, die den Zerspanungswiderstand an der Spindel simuliert. Die Belastungseinheit soll eine gezielte, definierte und reproduzierbare Belastung der Hauptspindel ermöglichen. Basierend auf den Ergebnissen der messtechnischen Untersuchung des spindellastabhängigen Maschinenverhaltens, die den Modellierungsansatz vorgeben, werden mit Hilfe der Belastungseinheit lastbasierte, steuerungsinterne Korrekturmodelle erprobt. Das Ziel ist die Ableitung und Analyse einer Methodik zur Reduzierung der thermisch bedingten Verlagerung des Tool Center Point auf Basis der Steuerungsdaten Drehzahl und Wirkleistung der Spindel. Beide Größen können der Maschinensteuerung ohne zusätzliche Sensorik und ohne jegliche Umrechnungen entnommen und für die Korrektur verwendet werden. Nach der Festlegung des Modellierungsansatzes werden Übertragungsfunktionen zwischen der Wirkleistung/Drehzahl der Hauptspindel als Ursache und der Verlagerung des TCP in X-, Y- und Z-Richtung als Wirkung parametriert. Es werden unterschiedliche Modellordnungen untersucht, um die für die Korrektur optimale Übertragungsfunktion zu bestimmen. Besondere Berücksichtigung findet hierbei die Korrekturqualität in Abhängigkeit vom Versuchs- und Modellierungsaufwand.

Die Aufgabenstellung umfasst darüber hinaus die messtechnische Untersuchung des umgebungstemperaturabhängigen Maschinenverhaltens. Auf deren Basis werden Modelle zur Vorhersage der thermoelastischen TCP-Verlagerung der Fräsmaschine erprobt. Im Fokus steht die Ableitung und Analyse einer Methodik zur Reduzierung der umgebungstemperaturbedingten Verlagerung des Tool Center Point auf Basis von Lufttemperaturmessungen im unmittelbaren Umfeld der Werkzeugmaschine.

Den Schwerpunkt dieser Arbeit bildet die Synthese beider Korrekturmethoden. Da die Modelle der beiden Korrekturmethoden für eine Position des TCP im Arbeitsraum der Werkzeugmaschine aufgezeigt werden, wird die Zusammenführung der Korrekturmethoden ebenfalls für eine TCP-Position durchgeführt.

Ergänzend zu der Synthese beider Korrekturmethoden wird die indirekte Korrektur mit der direkten Korrektur kombiniert. Bei der direkten Korrektur wird die thermisch bedingte Verlagerung des Tool Center Point direkt gemessen. Es wird untersucht, welcher Versuchs- und Modellierungsaufwand betrieben werden muss, um in Kombination mit der direkten Korrektur zufriedenstellende Korrekturergebnisse zu liefern.

Bild 3-1 stellt das Korrekturkonzept dar, mit dem die gesetzten Ziele erreicht werden sollen.

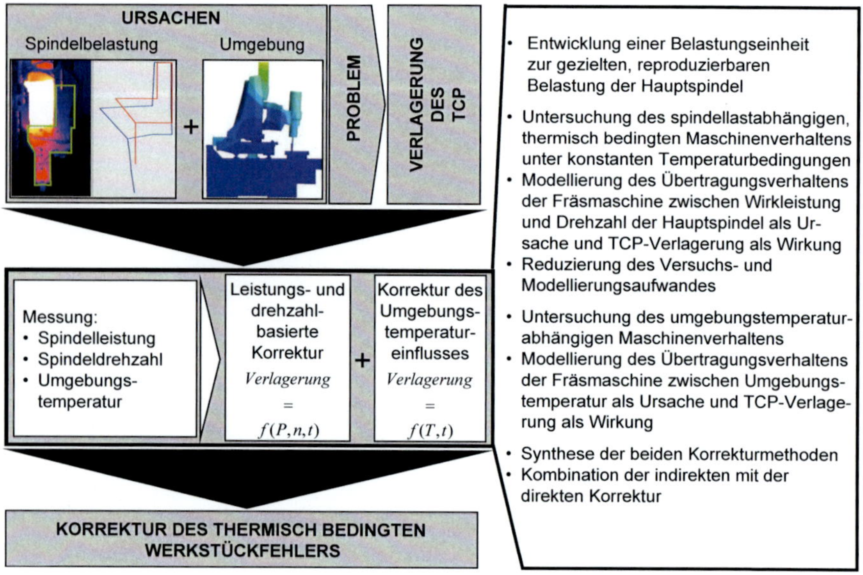

Bild 3-1: Übersicht über das Korrekturkonzept

Overview of the correction concept

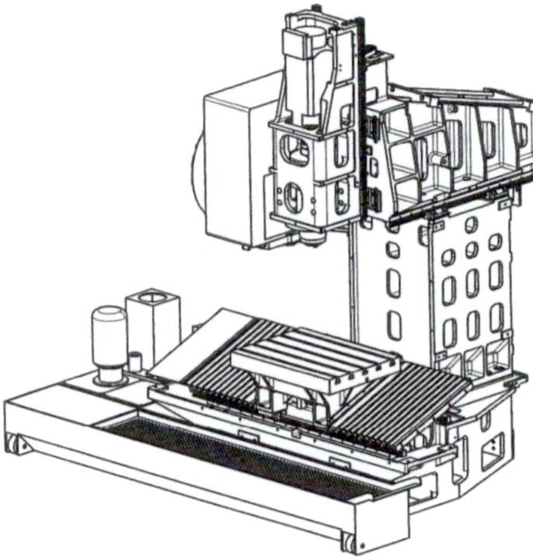

Bild 3-2: Untersuchtes Bearbeitungszentrum

Investigated machine tool center

Die Erarbeitung der Korrekturmethodik erfolgt am Beispiel eines 3-Achsen-CNC-Vertikal-Bearbeitungszentrums, das in Bild 3-2 dargestellt ist. Es handelt sich dabei um eine Fräsmaschine in konsolähnlicher Bauweise, da die Vorschubbewegungen in Y- und Z-Richtung vom Werkzeugträger ausgeführt werden und die Vorschubbewegung in X-Richtung durch den verfahrbaren Maschinentisch erfolgt. Der Ständer ist fest mit dem Bett verbunden. Die Werkzeugmaschine ist mit einer 20-kW-Motorspindel und einer SK-40-Werkzeugaufnahme ausgestattet. Die Position der Linearachsen wird mit direkten Längenmessgeräten (Glasmaßstäben) erfasst.

Die gewonnenen Erkenntnisse werden abschließend auf ein zweites Bearbeitungszentrum anderer Bauart übertragen, um die Allgemeingültigkeit der vorgestellten Korrekturmethoden zu validieren.

4 Korrekturprinzip thermoelastischer TCP-Verlagerungen

Correction principle of thermo-elastic TCP displacements

Das Grundprinzip der Korrektur spindellast- und umgebungstemperaturbedingter TCP-Verlagerungen ist in Bild 4-1 zu sehen.

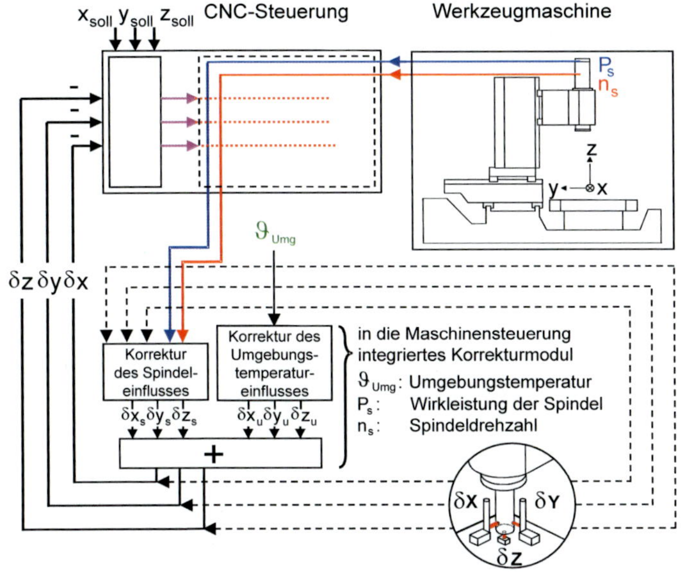

Bild 4-1: Korrektur des spindellast- und umgebungstemperaturbedingten Einflusses

Correction of influences due to the spindle load and the environmental temperature

Während der Korrektur greift das in die Maschinensteuerung integrierte Korrekturmodul auf die Drehzahl und die Wirkleistung der Hauptspindel zu. Beide Informationen werden der CNC der Fräsmaschine direkt mit einer konstanten Abtastrate entnommen, ohne dass sie aus anderen physikalischen Größen berechnet werden müssen. Die im Speicher hinterlegten Modelle berechnen mit Hilfe der ausgelesenen Daten die thermisch bedingten Verlagerungen des TCP in X-, Y- und Z-Richtung, die aus der Spindelbelastung resultieren. Auf die Funktionsweise des Korrekturalgorithmus wird in Kapitel 5.4.2 näher eingegangen.

Parallel zu der Korrektur des Spindeleinflusses wird im Umfeld der Werkzeugmaschine die Lufttemperatur mit einer konstanten Abtastrate erfasst. Diese wird von den Modellen für die Berechnung der umgebungstemperaturabhängigen TCP-Verlagerung in X-, Y- und Z-Richtung verwendet.

Die in den beiden Modellen berechneten Verlagerungswerte werden für jede Richtung aufsummiert und an die Steuerung der Werkzeugmaschine übergeben. Die

CNC korrigiert anschließend die aktuelle TCP-Position in X-, Y- und Z-Richtung, indem die berechneten Verlagerungswerte als Offset den aktuellen Positionswerten aufgeprägt werden.

Bei der Kombination der indirekten mit der direkten Korrektur erfolgt nach jedem Werkzeugwechsel die Messung der aktuellen TCP-Position. Zwischen den Messungen wird die thermisch bedingte TCP-Verlagerung, wie oben beschrieben, indirekt korrigiert. Sobald ein gemessener Verlagerungswert dem Korrekturmodul zur Verfügung steht, wird nicht mehr der berechnete Wert als Offset verwendet, sondern der gemessene. Der gemessene Verlagerungswert wird auch für die Berechnung der folgenden Verlagerungswerte benutzt, da die Korrekturmodelle dynamisches Verhalten aufweisen und der aktuelle Wert somit nicht nur von den aktuellen Eingangsgrößen, sondern auch von den vergangenen Verlagerungswerten abhängt.

5 Korrektur spindellastabhängiger Maschinenverformungen

Correction of the spindle load dependent machine tool deformations

Der Modellierung und Korrektur der spindellastabhängigen, thermisch bedingten Werkzeugmaschinenverformungen geht eine messtechnische Analyse des thermoelastischen Maschinenverhaltens voraus. Rückschlüsse aus der messtechnischen Untersuchung geben den mathematischen Modellierungsansatz und den Umfang des Versuchs- und Modellierungsaufwandes vor. Die Validierung der Modellierungsansätze wird abschließend an vier Belastungsspektren der Hauptspindel durchgeführt. Die Korrekturmethode wird unter annähernd konstanten Umgebungstemperaturbedingungen ($\Delta T=\pm 0{,}5$ °C) erarbeitet und erprobt, um den Einfluss der Umgebung gering zu halten und zu untersuchen, ob mit dem verfolgten Ansatz die Korrektur spindellastabhängiger, thermisch bedingter TCP-Verlagerungen möglich ist.

5.1 Gestaltung einer Belastungseinheit

Design of a load test rig

Resultierend aus der Aufgabenstellung und der Zielsetzung war im Rahmen dieser Arbeit die Entwicklung einer Belastungseinheit für das gezielte, definierte und reproduzierbare Belasten einer Werkzeugmaschinenspindel zur Untersuchung und Modellierung des thermoelastischen Maschinenverhaltens erforderlich. Die entwickelte Belastungseinheit erfüllt folgende Anforderungen:

- Zulässige maximale Betriebsdrehzahl von 9100 min^{-1}
- Dauerantriebsmoment von 87 Nm
- Zulässiges maximales Antriebsmoment von 145 Nm
- Reproduzierbarkeit der Belastung
- Flexible Anpassung an die Werkzeugschnittstelle der Maschinenspindel
- Flexible Anpassung an die Länge des Maschinentisches
- Robuste Bauform
- Anbindung an die CNC der Werkzeugmaschine zur Überwachung des sicheren Betriebs

5.1.1 Aufbau und Funktionsweise

Design and functionality

Das System besteht aus zwei hydraulischen, offenen Kreisläufen. Der Schaltplan beider Kreisläufe ist in Bild 5-1 rechts oben zu sehen. Der erste Kreislauf, der die Belastungseinheit versorgt, besteht aus einer Axialkolbenpumpe in Schrägscheibenbauart, einem vorgesteuerten Druckbegrenzungsventil, einem Manometer und einem

Tank. Derselbe Tank ist Bestandteil des zweiten Kreislaufs, zu dem eine elektrisch angetriebene Zahnradpumpe und ein Plattenwärmetauscher gehören.

Die zu untersuchende Werkzeugmaschine, die über eine beliebige Werkzeugschnittstelle verfügen kann, wird über eine Metallbalgkupplung an die Belastungseinheit gekoppelt (Bild 5-1, links). Die Metallbalgkupplung besteht aus zwei Teilen: Dem Konusstecksegment, das an der Werkzeugschnittstelle montiert ist und der Klemmnabe, die mit der Antriebswelle der Belastungseinheit eine Einheit bildet. Das Drehmoment der Werkzeugspindel wird über einen Keilrippenriemen an die Abtriebswelle übertragen, wobei als Übersetzungsverhältnis zwischen der kleinen und der großen Riemenscheibe aufgrund der zulässigen maximalen Betriebsdrehzahl der Axialkolbenpumpe von 2600 min^{-1} 1:3,5 gewählt wurde. Daraus ergibt sich eine zulässige maximale Betriebsdrehzahl der Werkzeugmaschinenspindel von 9100 min^{-1}. Die Gesamtlänge der Belastungseinheit kann individuell an die Werkzeugmaschine angepasst werden, indem ein längerer oder kürzerer Keilrippenriemen verwendet wird. Die Abtriebswelle treibt über eine Rotexkupplung eine Axialkolbenpumpe an. Diese pumpt Öl über ein vorgesteuertes Druckbegrenzungsventil aus dem Tank. Die Druckleitung zwischen der Pumpe und dem Druckbegrenzungsventil ist mit einem Manometer ausgestattet.

Der am Druckbegrenzungsventil einstellbare hydraulische Druck Δp ist linear proportional zu dem von der Werkzeugspindel aufgebrachten Antriebsmoment M:

$$\Delta p = \frac{2\pi M}{V} \tag{5.1}$$

V ist das Verdrängungsvolumen der verwendeten Hydropumpe und ist proportional zur Drehzahl. Mit Hilfe des Manometers kann der hydraulische Druck überwacht und reproduzierbar eingestellt werden.

Die Belastungseinheit verfügt über eine Arretierung an der Antriebswelle, die die Belastungseinheit während des Betriebsstopps, der für die Messung der Verlagerung am TCP während der Belastungsphase notwendig ist, gegen Verdrehen sichert. Ein Verdrehen der Antriebswelle würde das Wiedereinkoppeln der Werkzeugspindel über die Metallbalgkupplung unmöglich machen und es käme zu einer Kollision zwischen Werkzeugmaschine und Belastungseinheit. Für die Überwachung des sicheren Betriebes sind in der Arretierung Sensoren integriert, die mit der CNC der Werkzeugmaschine kommunizieren und die Werkzeugmaschine im Falle einer unvorhergesehenen Störung der Belastungseinheit ausschalten.

Die elektrische Energie der Werkzeugspindel wird zunächst in hydraulische Energie und anschließend durch das Druckbegrenzungsventil und den daraus entstehenden hohen Druck in Wärme umgewandelt, wodurch die Temperatur des Öls ansteigt. Um einen thermischen Schaden der Belastungseinheit und des Öls zu vermeiden, wird dem Öl in einem zweiten Kreislauf die Wärme entzogen. Wie dem Schaltplan in Bild 5-1 entnommen werden kann, besteht der zweite Kreislauf aus einer Hydropumpe und einem Plattenwärmetauscher, mit dessen Hilfe das Öl gekühlt wird.

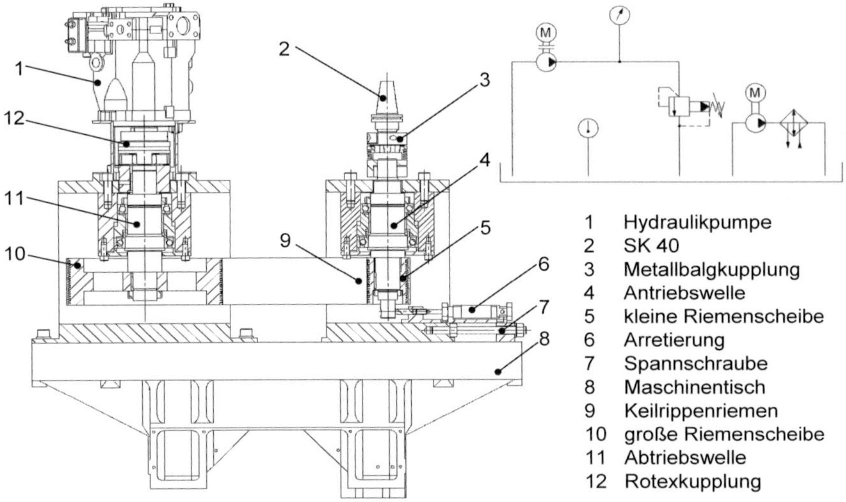

Bild 5-1: Belastungseinheit und Hydraulik-Schaltplan

Load test rig and its hydraulic diagram

Die Leistungsverluste der Hauptspindel treten in Form von Wärme auf, die in die Maschinenstruktur geleitet wird.

5.2 Messtechnische Untersuchung des spindellastabhängigen thermoelastischen Werkzeugmaschinenverhaltens

Metrological analysis of the spindle load dependent thermo-elastic machine tool behavior

Eine messtechnische Untersuchung des spindellastabhängigen thermoelastischen Werkzeugmaschinenverhaltens soll in erster Linie klären, welcher mathematische Modellierungsansatz sinnvoll und möglich ist. Da das thermoelastische Maschinenverhalten stark nichtlinear ist [CHEN96a], [DU02], [KRUL98], ist eine zufriedenstellende Korrektur nur durch Modellierung in mehreren Arbeitspunkten möglich. Die Sprungantwort der Werkzeugmaschine in Form einer Strukturverformung auf eine thermische Belastung ist immer an einen konkreten Lastfall und eine definierte Arbeitsraumposition gebunden [GROß06d]. Weiterhin stellt sich die Frage, wie viele Versuche zur Modellierung und damit wie viele Modelle notwendig sind, um ein zufriedenstellendes Korrekturergebnis zu erreichen.

Für die Untersuchung des thermoelastischen Maschinenverhaltens wird die in Kapitel 5.1 beschriebene Belastungseinheit verwendet, die eine gezielte und reproduzierbare Belastung der Hauptspindel mit definierten Drehzahlen und -momenten ermöglicht.

Die TCP-Verlagerung wird in Abhängigkeit von zwei Einflussgrößen, der Drehzahl und der Wirkleistung der Hauptspindel untersucht. In der statistischen Versuchsplanung werden die Einflussgrößen Faktoren genannt [SIEB10]. Die Einstellungen der Faktoren werden als Stufen bezeichnet. Der Effekt eines Faktors hängt von der Einstellungsvariation ab, also dem Stufenabstand. Die Stufenabstände der Faktoren eines Versuchsplans müssen demnach aufeinander abgestimmt sein. Geringe Stufenabstände gehen mit kleinen Effekten einher. Die Untersuchung wird nach dem sogenannten vollfaktoriellen Versuchsplan [SIEB10] durchgeführt. Der Versuchsaufwand n_r ergibt sich aus der Zahl der Faktoren n_f und der Zahl der Stufen n_l [KLEP08], [SIEB10].

$$n_r = n_l^{\,n_f} \tag{5.2}$$

Bild 5-2 zeigt den Versuchsaufwand mit den Einflussgrößen (Faktoren) Drehzahl und Wirkleistung der Hauptspindel. Die gestrichelten Kästchen stellen Drehzahl- und Leistungsintervalle dar, auf die im Folgenden näher eingegangen wird. Die Punkte in der Mitte der Kästchen symbolisieren die Betriebspunkte, in denen ein Versuch durchgeführt wird. Die Betriebspunkte sind durch die Leistung und die Drehzahl definiert.

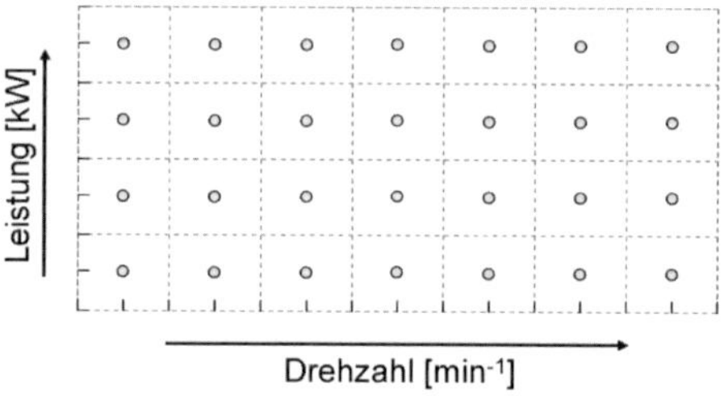

Bild 5-2: Vollfaktorieller Versuchsplan mit den Faktoren Drehzahl und Wirkleistung
Full factorial experimental design by using the factors speed and effective power

Die Fräsmaschine wird mit Hilfe der Belastungseinheit bei jeder 1000er Drehzahlstufe untersucht. Die Belastungseinheit ermöglicht Drehzahlen bis 9100 min^{-1}, allerdings treten ab 7500 min^{-1} starke Schwingungen auf. Der zu untersuchende Drehzahlbereich wird dementsprechend auf 0 bis 7000 min^{-1} festgelegt.

Theoretisch kann die Maschine bei einer jeweiligen Drehzahl unterschiedlich stark belastet werden. Analog zu der Einteilung des Drehzahlbereichs durch Brecher [BREC04] wird der Belastungsbereich ebenfalls in vier Belastungsstufen geteilt. Um die Intervalle äquidistant zu halten, werden zunächst pro Drehzahl vier gleich große Belastungsintervalle gebildet. Anschließend wird in der Mitte jedes der vier Intervalle ein Betriebspunkt festgelegt. In Bild 5-3 ist die prinzipielle Teilung des Drehzahl- und Leistungsbereichs in äquivalente Intervalle dargestellt. Die Teilung des Drehzahl- und Leistungsbereichs in äquivalente Intervalle dient nicht nur der Untersuchung und der Modellierung des spindellastbedingten thermoelastischen Maschinenverhaltens, sondern auch der Korrektur.

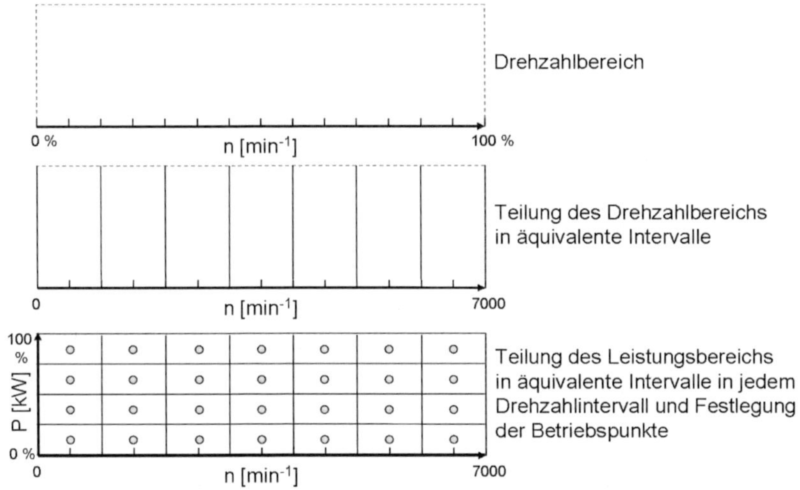

Bild 5-3: Teilung des Drehzahl- und Leistungsbereichs in Intervalle für die Untersuchung, Modellierung und die Korrektur des thermoelastischen Verhaltens

Splitting of the speed and power range by intervals for the investigation, modeling and correction of the thermo-elastic behavior

Das Ergebnis dieser Teilung sind Betriebsintervalle, die von der Drehzahl und der Leistung der Hauptspindel abhängen. In jedem Betriebsintervall befindet sich ein Betriebspunkt, für den ein Modell erstellt wird. Für die gewählte Einteilung ergeben sich damit 28 Betriebspunkte (7 Drehzahlstufen x 4 Leistungsstufen). Die vorgestellte Teilung des Drehzahl- und Leistungsbereichs bildet die Grundlage des Korrekturalgorithmus, der in der Lage ist, je nach Drehzahl und Wirkleistung der Hauptspindel das passende Modell zu wählen, um die TCP-Verlagerung berechnen zu können. Auf die Funktionsweise des Korrekturalgorithmus wird in Kapitel 5.4.2 eingegangen.

Für die Bestimmung der Größe der Belastungsintervalle und der Betriebspunkte des in Bild 3-2 dargestellten Bearbeitungszentrums muss die maximale Belastung der Hauptspindel bei jeder Drehzahlstufe ermittelt werden. Eine moderne Werkzeugmaschine ist so beschaffen, dass bei einer zu hohen Belastung die Drehzahl begrenzt wird. Dadurch bleibt die Leistung konstant. Dieser Effekt wird zur Ermittlung der max. Belastung der Hauptspindel genutzt. Bei jeder Drehzahlstufe wird die Belastung mittels der Belastungseinheit stufenweise erhöht, bis die Drehzahl der Spindel sinkt. Die letzte Belastungsstufe, bei der die Ist-Drehzahl der Vorgabedrehzahl entspricht, wird als Belastungsmaximum für das jeweilige Drehzahlintervall definiert.

In Bild 5-4 ist das Ergebnis der Belastungsuntersuchung zu sehen. Neben der maximalen Leistung ist auch das entsprechende Drehmoment in Abhängigkeit von der Drehzahl dargestellt. Das Drehmoment kann nach Gleichung (5.3) berechnet werden. Bei 1000 min^{-1} und 2000 min^{-1} bleibt die Drehzahl auch nach Erreichen der Belastungsgrenze der Belastungseinheit konstant.

$$M = \frac{P}{2\pi \cdot n} \tag{5.3}$$

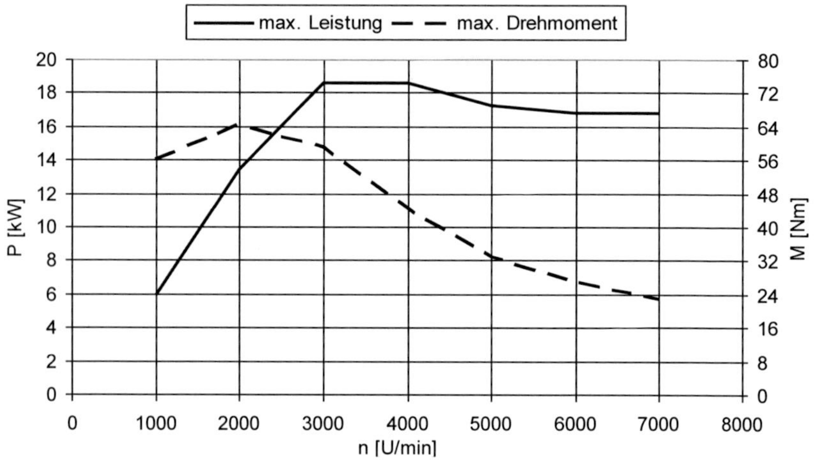

Bild 5-4: Maximale Belastung und das entsprechende Drehmoment der untersuchten Hauptspindel in Abhängigkeit von der Drehzahl

Maximum load and corresponding torque of the investigated main spindle depending on the rotational speed

Die Überwachung der Hauptspindel schaltet die Werkzeugmaschine allerdings nach einigen Minuten aus, um den Elektromotor vor Überhitzung zu schützen. Bei 1000 min^{-1} werden 6 kW (57,3 Nm) und bei 2000 min^{-1} 13,4 kW (64 Nm) als Maximum festgelegt.

Wie bereits erwähnt, wird die Aufteilung des gesamten möglichen Belastungsbereichs bei jeweiliger Drehzahl möglichst äquidistant vorgenommen. Im Fall der Drehzahlstufe 1000 min^{-1} wird folgendermaßen vorgegangen: Die maximal mögliche Belastung beträgt 6 kW (57,3 Nm). Es werden vier gleich große Intervalle gebildet: 0 – 1,5, 1,5 – 3, 3 – 4,5 und 4,5 – 6 kW. Die Betriebspunkte werden in die Mitte der Intervalle, also bei 0,75, 2,25, 3,75 und 5,25 kW gelegt. Zur Erzeugung der Last werden an der Belastungseinheit dementsprechend hydraulische Lastdrücke von 20, 60, 100 und 140 bar eingestellt. Da das Ablesen und die Einstellung der exakten Drücke am Hydraulikaggregat schwierig ist, können sich bei den folgenden Untersuchungen leicht streuende Leistungsdaten ergeben. Aufgrund dessen wird bei einigen Drehzahlen geringfügig von dem beschriebenen Schema abgewichen. Dies erkennt man gut in Bild 5-5, das eine Übersicht über die mit der Gitternetzmethode festgelegten Betriebspunkte der Hauptspindel in Abhängigkeit von der Drehzahl und der Wirkleistung gibt. Die obere Grenze des Leistungsbereichs (schwarze durchgezogene Linie) ist durch die maximal mögliche Leistung begrenzt (siehe Bild 5-4). Die untere Grenze (schwarze gestrichelte Linie) ist durch die Spindelleistung im Leerlauf mit angeschlossener Belastungseinheit bestimmt. Die Betriebspunkte befinden im gewählten

Drehzahlbereich zwischen den beiden Grenzen. Man erkennt gut, dass die Betriebspunkte nicht exakt gleichmäßig im Leistungsbereich verteilt sind. Im Fall der Belastung mit 6000 min^{-1} beträgt die maximale elektrische Wirkleistung 16,8 kW, was 60 bar an der Belastungseinheit entspricht. Die elektrische Wirkleistung im Leerlauf mit angeschlossener Belastungseinheit beträgt 1,29 kW. Damit sind die beiden Intervallgrenzen bei 6000 min^{-1} bestimmt, da sich das Leistungsintervall von der unteren zur oberen Begrenzung erstreckt. Die vier Betriebspunkte werden auf 15,54 kW verteilt. Die Betriebspunkte liegen dementsprechend bei 7,5, 22,5, 37,5 und 52,5 bar. Für eine bessere Einstellbarkeit am Hydraulikaggregat werden diese Werte auf- bzw. abgerundet zu 10, 20, 35 und 50 bar.

Im Folgenden werden die vier Belastungsstufen, angefangen bei der geringsten Belastung, Belastungsstufe 1, 2, 3 und 4 genannt. Es ergeben sich insgesamt 28 Betriebspunkte (7 Drehzahlstufen x 4 Belastungsstufen), in denen jeweils ein Versuch durchgeführt wird.

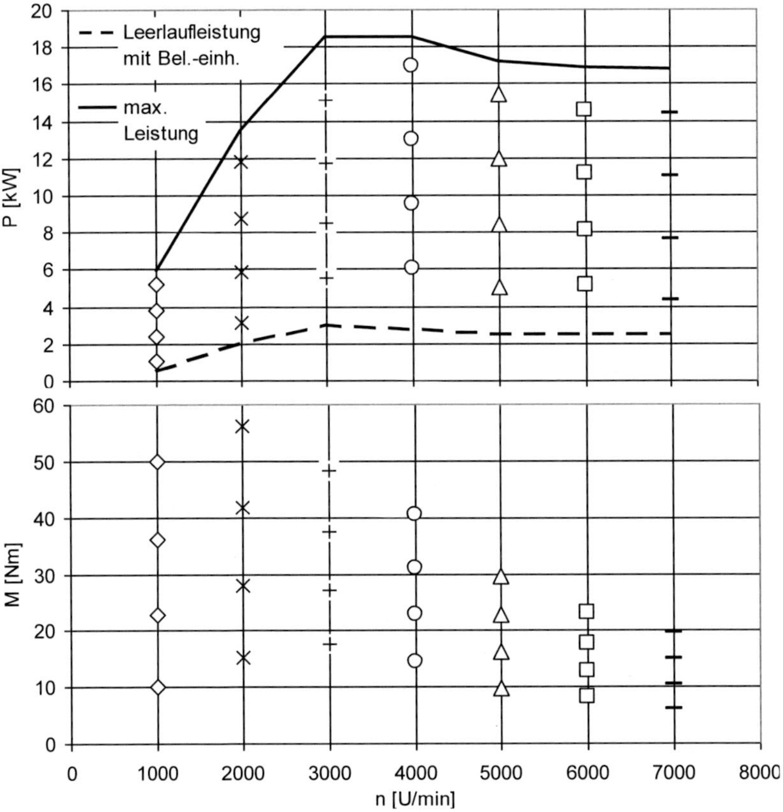

Bild 5-5: Betriebspunkte in Abhängigkeit von den Drehzahl- und Leistungsstufen

Working points depending on the speed and power levels

Alle Versuche zur Beurteilung und Modellierung des thermoelastischen Maschinenverhaltens laufen nach dem folgenden Schema ab: In den ersten fünf Stunden wird die Hauptspindel mit einer konstanten Drehzahl und einem konstanten Lastmoment belastet. In dieser Phase werden alle drei Minuten die Verlagerung des TCP in X-, Y- und Z-Richtung und die Temperaturen sowohl an der Maschinenstruktur (Bild 5-7) als auch in der Umgebung der Maschine gemessen. Die TCP-Verlagerung wird mit induktiven Messtastern erfasst, die in einer Messvorrichtung aus Invar-Stahl, einem Material mit einem Wärmeausdehnungskoeffizienten α von ca. $2x10^{-6}$/K, montiert sind. Der Messaufbau ist in Bild 5-6 ohne die Belastungseinheit zu sehen. Für die Messung der TCP-Verlagerung wird ein Messdorn verwendet, der in die Werkzeugaufnahme SK-40 der zu modellierenden Werkzeugmaschine eingeschrumpft ist. Er ist zylinderförmig und ebenfalls aus Invar-Stahl gefertigt. Seine Oberfläche ist geschliffen und hat eine Rauheit von R_Z=3 µm. Die Verwendung von temperaturinvarianteren Materialien gewährleistet die Erfassung der tatsächlichen TCP-Verlagerungen bedingt durch die Verformungen der Maschinenstruktur. Während der Versuche herrschen annähernd konstante Umgebungstemperaturbedingungen (ΔT=±0,5 °C). Trotzdem können leichte Temperaturschwankungen nicht vermieden werden. Um Fehler durch Schwankungen der Umgebungstemperatur bei der Ableitung und der Erprobung der Methode zur Korrektur spindellastabhängiger thermisch bedingter TCP-Verlagerungen zu vermeiden, wird die Umgebungstemperatur überwacht. Bei jeder Messung der TCP-Verlagerung werden die Achsen X, Y, Z und C (Bild 5-6) gleich positioniert. Die TCP-Position, in der das spindellastabhängige thermoelastische Maschinenverhalten untersucht und modelliert wird, ist mittig über dem Maschinentisch (X=-533,771 mm, Y=516,652 mm und Z=-311,388 mm). Die Drehzahl und die Wirkleistung der Spindel werden von einem in die Maschinensteuerung integrierten Programm, dem Sinutracer, im 8-ms-Takt erfasst.

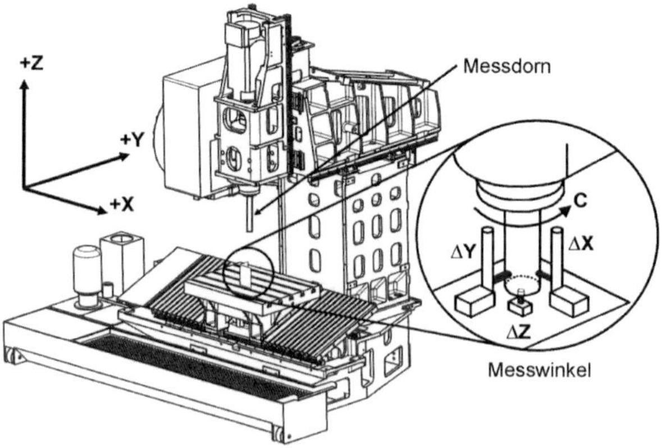

Bild 5-6: Messaufbau ohne Belastungseinheit
Measurement setup without load test rig

Die fünfstündige Belastung kann als Sprungfunktion verstanden werden. Die dadurch verursachte Verlagerung des TCP in X-, Y- und Z-Richtung ist dementsprechend eine Sprungantwort. Nach den fünf Stunden der konstanten Belastung erfolgt eine elfstündige Abkühlphase (Ruhephase). In dieser Phase verweilt der TCP in der Messvorrichtung, die Maschine wird nicht verfahren und die Spindel nicht mehr belastet. Diese Phase kann als eine negative Sprungfunktion aufgefasst werden. Die Abkühlung der Spindel hat eine rückläufige TCP-Verlagerung zur Folge. Mit fortschreitender Ruhephase geht die Verlagerung des TCP langsam zurück und erreicht im Beharrungszustand annähernd den Anfangswert vor der Belastung bei kalter Maschine.

5.3 Ergebnisse der messtechnischen Untersuchung des spindellastabhängigen Maschinenverhaltens

Results of the analysis of the spindle load dependent thermo-elastic machine tool behavior

Die im Folgenden beschriebenen messtechnischen Ergebnisse beschränken sich auf die translatorischen TCP-Verlagerungen, da für die Korrektur von Winkelabweichungen echte rotatorische NC-Achsen erforderlich sind. Das zu untersuchende Bearbeitungszentrum verfügt allerdings nur über drei translatorische Achsen.

Die rechte obere Hälfte von Bild 5-7 veranschaulicht exemplarisch die Versuchsergebnisse am Beispiel der Belastung mit 3000 min^{-1} und 15,2 kW (48,4 Nm). Trotz der thermoasymmetrischen Bauweise des untersuchten Bearbeitungszentrums (Werkzeugwechsler und –magazin auf der linken Seite des Maschinenständers angeflanscht) ist die Verlagerung des TCP in X-Richtung sehr gering und wird im Folgenden nicht korrigiert.

Negative Verlagerungswerte bedeuten, dass sich der TCP in die negative Richtung im Koordinatensystem der Werkzeugmaschine, also zum Werkstück hinbewegt. Der TCP verlagert in jedem Spindellastfall in die negative Z- und Y-Richtung, was der Übersicht in Bild 5-8 entnommen werden kann.

Die rauschähnliche Schwankung des TCP in Z-Richtung, die im Beharrungszustand der Abkühlphase gut zu beobachten ist, resultiert aus dem Kühlsystem der Hauptspindel. Dieses Kühlsystem basiert auf einem Zweipunktregler. Bei Überschreiten von 24,1 °C wird das Kühlaggregat eingeschaltet und kühlt die Spindel. Werden 23,0 °C unterschritten, wird die Kühlung abgeschaltet. Da das bei der Verlagerungsmessung verwendete System über eine Messgenauigkeit von ca. 0,1 µm verfügt, werden die Auswirkungen der Schaltvorgänge mit erfasst.

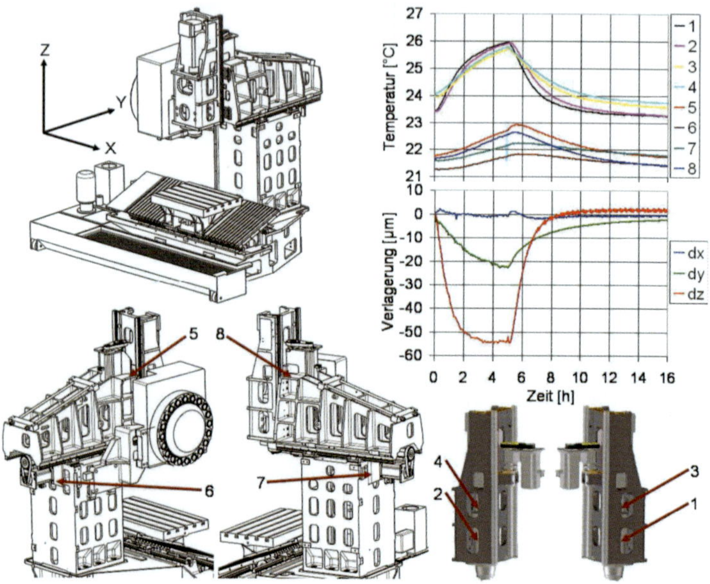

Bild 5-7: 3-Achs-CNC-Vertikal-Bearbeitungszentrum und sein thermisches Verhalten
3 axis CNC vertical machining center and its thermal behavior

Die Verlagerungen in Y- und Z-Richtung steigen in der Belastungsphase im Betrag an. Nach Abschalten der Belastung gehen sie nahezu auf den ursprünglichen Wert zurück, da die Werkzeugmaschine beinahe den gleichen Temperaturzustand erreicht wie vor dem Versuch (Bild 5-7 rechts oben). Trotz der Verwendung von direkten Längenmessgeräten an den Linearachsen ist die Verlagerung in Y- bzw. Z-Richtung stark ausgeprägt. Direkte Längenmessgeräte können die thermische Ausdehnung der Maschinenkomponenten korrigieren, an denen sie montiert sind, allerdings nicht die Ausdehnung der gesamten Maschinenstruktur. Auf die Darstellung der Umgebungstemperatur wird an dieser Stelle verzichtet. Die geringen Abweichungen des Endwertes vom Startwert der Verlagerung haben viele Ursachen. Zum einen weist die gesamte Messkette einen Fehler von ca. 0,5 µm auf. Zum anderen spielen die Positioniergenauigkeit und der Werkzeugwechsel der Werkzeugmaschine sowie die leichten Schwankungen der Umgebungstemperatur eine wichtige Rolle. Als Ursache wird ebenfalls Reibung in den Fügestellen vermutet, die bei Temperaturänderungen der Maschinenstruktur zu einer Hysterese in den Verlagerungsverläufen führt.

Da die Verlagerung nur am TCP gemessen wurde, ist es nicht möglich, die für die Verlagerung verantwortliche Maschinenkomponente eindeutig zu bestimmen. Die Verlagerung des TCP in Y-Richtung resultiert hauptsächlich aus der thermoelastischen Verformung des Spindelkastens, der im Fall der untersuchten Werkzeugmaschine gleichzeitig als Z-Schlitten ausgeführt ist. Die Temperaturmessung an vier Stellen am Spindelkasten, dargestellt in Bild 5-7 (Temperaturverlauf 1, 2, 3 und 4), zeigt im Laufe der Spindelbelastung ansteigende Temperaturen. Der Spindelkasten kann sich aufgrund der einseitigen Anbindung an den Y-Schlitten nur in die negative Y-Richtung ausdehnen. Die Verlagerung in Z-Richtung wird vor allem durch die axiale Spindelausdehnung geprägt. Diese resultiert ebenfalls aus dem Spindelkasten und dem angesprochenen Temperaturanstieg. Die Wärmeeinbringung der Hauptspindel in die Maschinenstruktur hat eine Ausdehnung des Spindelkastens in die negative Z-Richtung zur Folge, weil dieser über eine Spindelmutter im oberen Bereich seiner Rückseite mit dem Kugelgewindetrieb verbunden ist (Bild 5-7 rechts unten). Dadurch kommt es bei einem Temperaturanstieg des Materials zu einer freien Ausdehnung des Spindelkastens in Richtung des Maschinentisches. Wäre die Spindelmutter am unteren Ende des Spindelkastens angebracht, wäre die Ausdehnung des Spindelkastens lediglich in die positive Z-Richtung möglich. Diese wäre aber für die TCP-Verlagerung nicht relevant, da die Hauptspindel an der unteren Seite des Spindelkastens angeschraubt ist.

Die Wärmeeinbringung durch die Hauptspindel in den Maschinenständer, die dem Diagramm in Bild 5-7 entnommen werden kann (Temperaturverlauf 6 und 7), wirkt konträr zur axialen Spindelausdehnung und der Ausdehnung des Spindelkastens in die negative Z-Richtung, da der Ständer sich bei einem Temperaturanstieg nur in die positive Z-Richtung ausdehnen kann. Dieser Effekt tritt ebenfalls am Y-Schlitten auf (Temperaturverlauf 5 und 8). Der Y-Schlitten dehnt sich in die positive Z-Richtung und gleichzeitig teilweise in die negative Y-Richtung (aufgrund der mittig angebrachten Spindelmutter) frei aus. Somit neutralisieren sowohl der Maschinenständer als auch der Y-Schlitten zum Teil die Ausdehnung des Spindelkastens und der Spindel in die negative Z-Richtung, welche allerdings eindeutig überwiegt. Die anteilige Ausdehnung des Y-Schlittens in die negative Y-Richtung verstärkt die negative Ausdehnung des Spindelkastens in die gleiche Richtung. Um die TCP-Verlagerung den einzelnen Maschinenkomponenten zuordnen zu können, ist eine große Anzahl von Temperatursensoren an deren Struktur erforderlich. In der Literatur existiert eine Reihe von Forschungsarbeiten [KRUL98], [ATTI99], [YANG99], [LI08], die sich mit der Frage beschäftigen, an welcher Stelle der Maschinenstruktur die Temperatur gemessen werden sollte, um daraus auf die Maschinenverformung und gegebenenfalls auf die TCP-Verlagerung schließen zu können (temperaturbasierter indirekter Korrekturansatz). Die Frage nach der Messposition ist also essentiell und stellt die erste Hürde bei dem temperaturbasierten Korrekturansatz dar. Da diese Arbeit nicht den temperatur-, sondern den steuerungsbasierten Korrekturansatz zum Ziel hat, wird die Frage nach der Messposition nicht erörtert.

Wie in Kapitel 5.2 erläutert, wird das thermoelastische Maschinenverhalten bei sieben Drehzahlstufen (ganzzahlige Vielfache von 1000 min^{-1}) und vier Belastungsstufen der maximalen möglichen Belastung des Spindelantriebes untersucht, wobei die Belastungsstufen den Belastungsbereich möglichst äquidistant abdecken. Für die Modellierung und die letztendliche Korrektur stellt sich die Frage, mit wie vielen und vor allem bei welchen Stufen modelliert werden sollte, um das bestmögliche Korrekturergebnis zu erzielen.

In Bild 5-8 sind die TCP-Verlagerungen bei allen vier Belastungsstufen in Abhängigkeit von der Drehzahlstufe und der Verlagerungsrichtung dargestellt. In Y-Richtung erkennt man eine proportionale Abhängigkeit der Verlagerung von der Drehzahl. Bei jeder Belastungsstufe steigt der Verlagerungsbetrag mit der Drehzahl an. In Z-Richtung ist dagegen keine eindeutige Abhängigkeit von der Spindeldrehzahl zu erkennen. Die TCP-Verlagerung in Abhängigkeit von der Spindelbelastung ist in Bild 5-9 und Bild 5-10 exemplarisch bei 5000 bzw. 6000 min^{-1} für die beiden Richtungen Y und Z zu sehen. In beiden Fällen hat die Spindelbelastung einen geringen Einfluss auf die TCP-Verlagerung in Y-Richtung. Die Verlagerung des TCP in Z-Richtung ist dagegen eindeutig proportional zu der Spindelbelastung. Sowohl bei 5000 min^{-1} als auch bei 6000 min^{-1} steigt der Verlagerungsbetrag mit der Belastung an. Bei den anderen Drehzahlstufen wird gleiches Verhalten beobachtet. In Y-Richtung tritt die höchste TCP-Verlagerung bei 7000 bzw. 6000 min^{-1} mit etwa -24 µm auf.

Sowohl im Fall der Y- als auch der Z-Richtung ist die Verlagerung durch die Drehmomentbelastung wesentlich höher als durch die lastfreie Spindeldrehung. In Bild 5-9 ist eine Gegenüberstellung der Verlagerungen in Y- und Z-Richtung am Beispiel der Drehzahlstufe 5000 min^{-1} mit und ohne Drehmomentbelastungen dargestellt.

In Bild 5-5 ist zu erkennen, dass die größte elektrische Wirkleistung mit 16,9 kW bei 4000 min^{-1} und 40,3 Nm erreicht wird. Unter der theoretischen Annahme, dass der Wirkungsgrad der Motorspindel im gesamten Drehzahl- und Belastungsbereich konstant ist, könnte davon ausgegangen werden, dass die thermisch bedingte TCP-Verlagerung in Z-Richtung bei dieser Belastung am größten ist. Die größte TCP-Verlagerung in Z-Richtung tritt allerdings bei 2000 min^{-1} und 11,8 kW (56,3 Nm) auf (Bild 5-8 rechts, Belastungsstufe 4). Auf die Ursache wird im Folgenden eingegangen.

Bei der an der Werkzeugmaschine verwendeten Motorspindel handelt es sich um eine Asynchronmaschine. Die Eingangsleistung P_{EIN} einer Asynchronmaschine wird einerseits in die Wellenleistung P_{MECH} und andererseits in Kupfer- und Magnetisierungsverluste P_K bzw. P_M umgewandelt [SCHR09]:

$$P_{EIN} = P_K + P_M + P_{MECH} \tag{5.4}$$

Die Kupferverluste P_K sind als Summe aus Stator- (linker Summand) und Rotorverlusten (rechter Summand) definiert, wobei i_d der feldbildende Strom, i_q der drehmomentbildende Strom, R_S der Statorwiderstand, R'_R der Rotorwiderstand bezogen auf die Statorseite, L_h die Hauptinduktivität der Asynchronmaschine und T_R die Rotorzeitkonstante sind.

$$P_K = R_S(i_d^2 + i_q^2) + \left(\frac{i_q^2 L_h^2}{T_R^2 R'_R}\right) \tag{5.5}$$

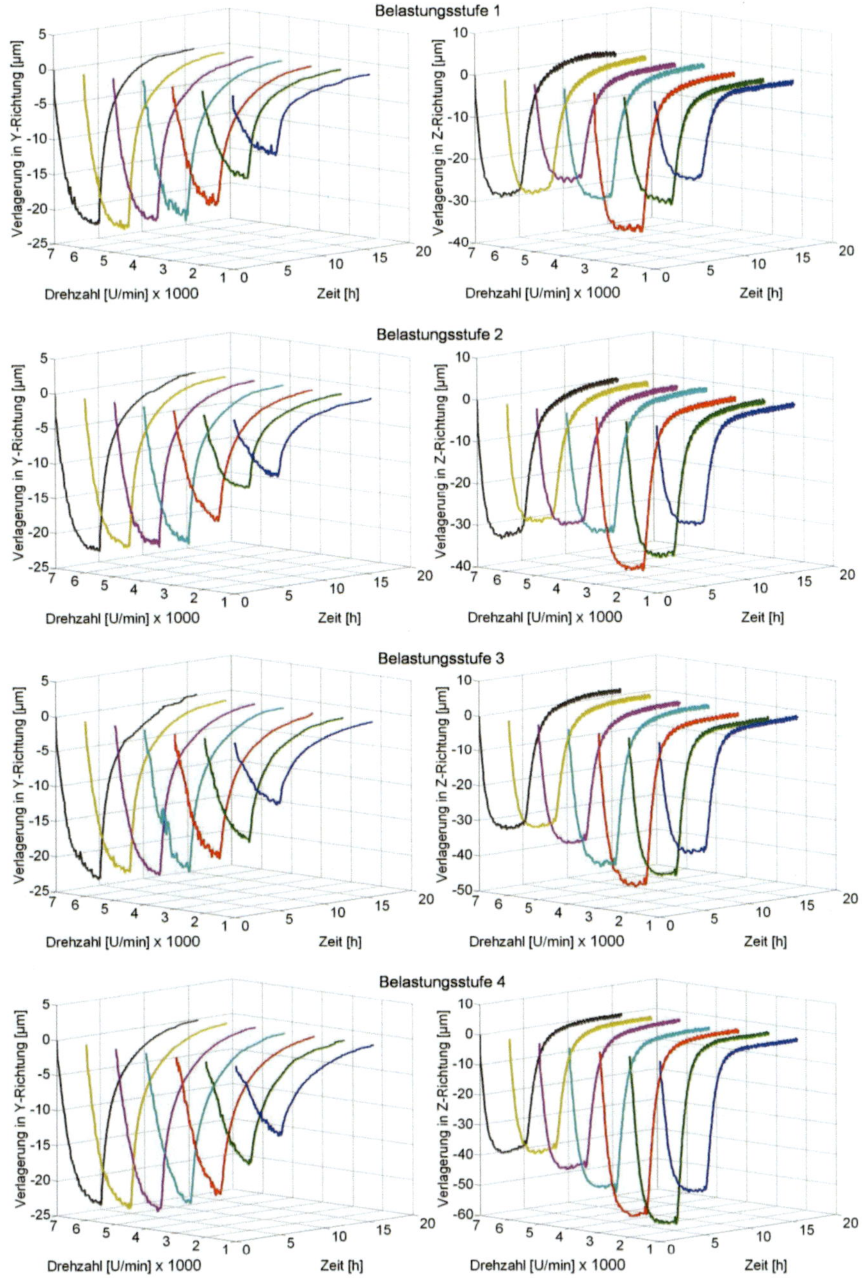

Bild 5-8: Drehzahl- und leistungsabhängige TCP-Verlagerung für die Y- und Z-Richtung
Speed and load dependent TCP displacement for the Y- and Z-direction

Die Rotorzeitkonstante ist definiert als Division zwischen der Rotorinduktivität L'_R und dem Rotorwiderstand R'_R (Gleichung (5.6)), wobei beide Größen auf die Statorseite bezogen sind.

$$T_R = \frac{L'_R}{R'_R} \tag{5.6}$$

Im Grunddrehzahlbereich ist der feldbildende Strom i_d konstant und die Kupferverluste P_K sind proportional zum Drehmoment M. Hohe Kupferverluste bedeuten einen hohen Wärmeeintrag in den Stator und damit in die Maschinenstruktur. Die größte TCP-Verlagerung in Z-Richtung tritt laut Bild 5-8 bei 2000 min^{-1} und 11,8 kW (56,3 Nm) auf. Wie man dem Bild 5-5 unten entnehmen kann, ist das Drehmoment bei dieser Belastung am höchsten von allen Belastungsstufen. Damit ist der drehmomentbildende Strom i_q ebenfalls am höchsten. Mit steigender Drehzahl wird der Grunddrehzahlbereich verlassen und es kommt zu einer Feldschwächung, wodurch der feldbildende Strom i_d abnimmt und die Statorverluste sinken (siehe Gleichung (5.5)). Dadurch nimmt der Wärmeeintrag in den Stator und in die Maschinenstruktur ab. Die Folge ist die Abnahme der TCP-Verlagerung, was in Bild 5-8 bei steigender Drehzahl (Z-Richtung) erkennbar ist.

Durch die Ergebnisse, die im Folgenden näher erläutert werden, wird geklärt wie viele Modelle für eine zufriedenstellende Korrektur notwendig sind und vor allem welcher Modellansatz und welche Verzögerungsordnung das spindellastbedingte, thermoelastische Verhalten einer Werkzeugmaschine am besten beschreibt.

Die in Bild 5-7 bis Bild 5-10 dargestellten Ergebnisse der Verlagerungsmessung zeigen, dass die TCP-Verlagerung in Y- und Z-Richtung den Verlauf einer Exponentialfunktion aufweist. Diese Tatsache lässt auf ein Übertragungsverhalten mit Verzögerung schließen. Dementsprechend wird im Folgenden ein Korrekturansatz auf Basis

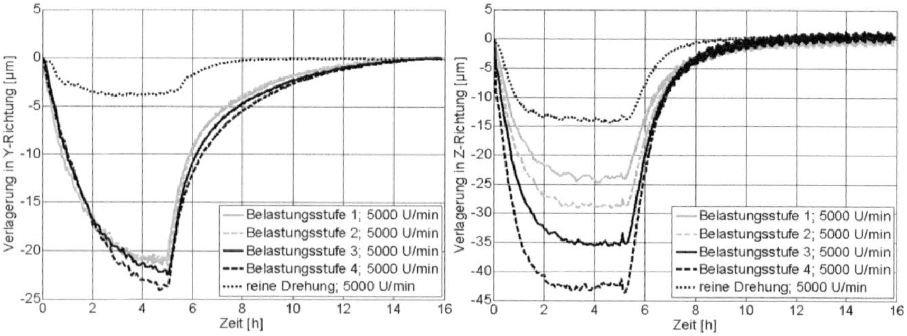

Bild 5-9: TCP-Verlagerung bei 5000 min^{-1} in Abhängigkeit von der Spindelbelastung
TCP displacement on the 5000 rpm level depending on the spindle load

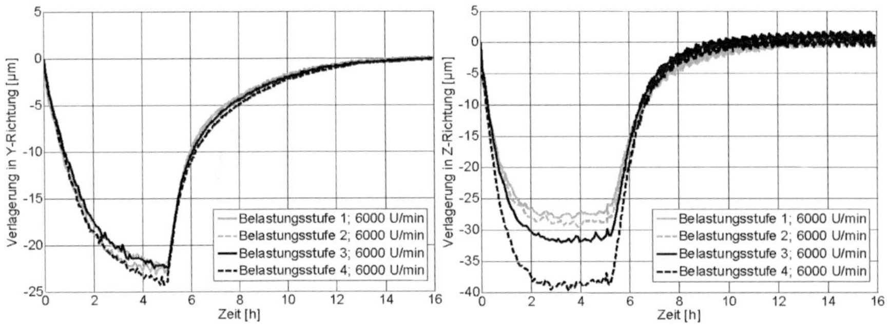

Bild 5-10: TCP-Verlagerung bei 6000 min^{-1} in Abhängigkeit von der Spindelbelastung

TCP displacement on the 6000 rpm level depending on the spindle load

von Verzögerungsgliedern abgeleitet. Aus dem Vergleich zwischen den Verläufen der beiden Richtungen ist erkennbar, dass das Verlagerungsverhalten in Y-Richtung eine größere Zeitkonstante hat als das in Z-Richtung (vgl. Bild 5-9 und Bild 5-10), was bei der Modellierung berücksichtigt wird. Die in Bild 5-8 dargestellten Verlagerungen weisen ein stark gedämpftes Verhalten auf, unabhängig von der Verlagerungsrichtung, der Drehzahlstufe und der Spindelleistung. Die Modellierung mit Verzögerungsgliedern höherer Ordnung erfordert deshalb keine schwingungsfähigen Verzögerungsglieder. Im Folgenden werden alle Verzögerungsglieder höherer Ordnung aus einer Reihenschaltung von Verzögerungsgliedern erster Ordnung gebildet (Bild 5-11).

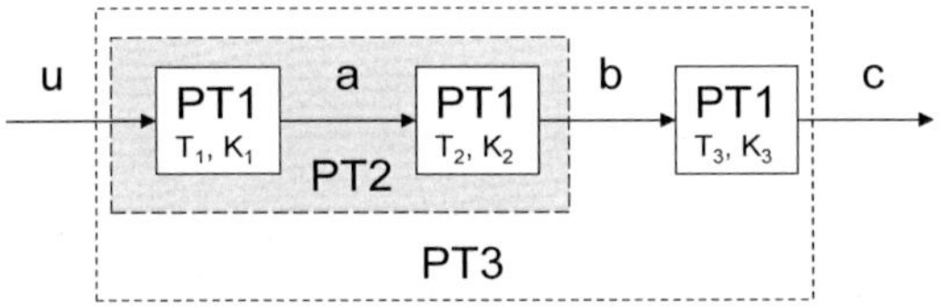

Bild 5-11: Reihenschaltung von Verzögerungsgliedern erster Ordnung

Serial connection of first order time delay elements

Eine solche Reihenschaltung hat für beliebige reelle Zeitkonstanten stets eine aperiodisch verlaufende Übertragungsfunktion, weil ihre Pole reell sind und die Dämpfung $D \geq 1$ ist [ABEL09].

Im Folgenden wird bei der Modellierung und der Korrektur auf die Drehzahlstufe 7000 min^{-1} verzichtet, da im betrachteten Fall die Verlagerung bei 7000 min^{-1} sehr ähnlich der Verlagerung bei 6000 min^{-1} ist. Dementsprechend wird eine Modellierung des thermoelastischen Maschinenverhaltens mit sechs Drehzahlstufen und jeweils vier Belastungsstufen vorgenommen. (6 Drehzahlstufen x 4 Belastungsstufen = 24 Betriebspunkte). In Kapitel 5.5 wird anhand der Übersicht in Bild 5-8 untersucht welche Korrekturqualität erreicht werden kann, wenn die Anzahl der Modelle reduziert wird.

5.4 Korrektur mit Verzögerungsgliedern

Correction by using time delay elements

Die Ergebnisse der durchgeführten Untersuchungen zeigen, dass die spindellastabhängigen, thermisch bedingten TCP-Verlagerungen der untersuchten Fräsmaschine in X-Richtung sehr gering sind. Eine Modellierung und Korrektur dieser Richtung wäre für den betrachteten Fall unnötig. Im weiteren Vorgehen werden deshalb bei der Modellierung und der Korrektur mit einfachen Verzögerungsgliedern nur die beiden Richtungen Y und Z berücksichtigt. Allerdings wird am Beispiel der TCP-Verlagerung in X-Richtung eine Methode zur Modellierung eines extrem nichtlinearen Verlagerungsverhaltens in Form von Verzögerungsgliedersummen vorgestellt.

5.4.1 Mathematische Grundlagen der Modellierung

Mathematics of the modeling

Die in Kapitel 5.3 dargestellten Messergebnisse zeigen, dass auf eine konstante thermische Anregung der Fräsmaschine in Form eines Drehzahl- und Belastungssprungs eine zeitlich verzögerte Antwort in Form einer TCP-Verlagerung folgt. Für die Korrekturmethode gilt es, die Übertragungsstrecke zwischen der Wirkleistung der Spindel P_S und der TCP-Verlagerung für die beiden Richtungen Y und Z zu modellieren. Da die Verlagerung des TCP für beide Richtungen den Verlauf einer Exponentialfunktion aufweist, erfolgt im ersten Schritt die Modellierung mit einem Verzögerungsglied erster Ordnung. Die Herausforderung besteht dabei in der Bestimmung der Modellparameter. Sämtliche Messdaten zur Modellierung des thermoelastischen Maschinenverhaltens liegen im Zeitbereich vor und sind zeitdiskret. Es muss dementsprechend eine zeitdiskrete Gleichung des PT1-Gliedes im Zeitbereich hergeleitet werden. Die Gleichung des Verzögerungsgliedes erster Ordnung im Bildbereich lautet nach [ABEL09]:

$$G(s) = \frac{K}{1+Ts} \tag{5.7}$$

Die dazugehörige Differentialgleichung lautet

$$\dot{a} = -\frac{1}{T}a + \frac{K}{T}u \tag{5.8}$$

mit *u* als Eingangs- und *a* als Ausgangsgröße. Eine zeitdiskrete Beschreibung der Gleichung (5.7) erhält man durch näherungsweises Ersetzen des Differentialquotienten durch den Differenzenquotienten. Es ergibt sich die folgende Näherungsbeziehung für den Differenzenquotienten erster Ordnung:

$$\dot{a} = \left.\frac{da(t)}{dt}\right|_{t_n} \approx \left.\frac{\Delta a}{\Delta t}\right|_{t_n} = \frac{a_{n+1} - a_n}{\Delta t} \tag{5.9}$$

Einsetzen in Gleichung (5.8) liefert:

$$a_{n+1} = \frac{Ku_{n+1} + \frac{T}{\Delta t} a_n}{1 + \frac{T}{\Delta t}} \tag{5.10}$$

Dabei ist u_{n+1} die Eingangsgröße des Systems, in dem Fall die Wirkleistung der Hauptspindel, und a_{n+1} die Verlagerung des TCP zum Zeitpunkt $n+1$. Die Zeitkonstante T und der Verstärkungsfaktor K sind die gesuchten Modellparameter. Der aktuelle Verlagerungswert a_{n+1} hängt von der Wirkleistung u_{n+1}, den beiden Konstanten T und K und dem vorherigen Verlagerungswert a_n ab. Δt ist die Zeit zwischen zwei aufeinander folgenden Abtastungen.

Um die Modellparameter T und K bestimmen zu können, werden die an der Fräsmaschine gemessenen Verlagerungen und Wirkleistungen verwendet. Mit Hilfe der nichtlinearen Methode der kleinsten Fehlerquadrate werden die gesuchten Koeffizienten bestimmt. Diese Methode setzt einen Anfangswert, bei dem der Algorithmus die Parameterbestimmung beginnt, und Grenzwerte, zwischen denen die Optimierung stattfindet, voraus. Die Berechnung der Modellparameter erfolgt numerisch und iterativ. Die ermittelten Koeffizienten werden in Koeffizientenmatrizen gespeichert, die vom Korrekturalgorithmus zur Berechnung der TCP-Verlagerung verwendet werden. Sowohl auf die Koeffizientenmatrizen als auch auf den Korrekturalgorithmus wird in Kapitel 5.4.2 eingegangen. Es ist zu beachten, dass die Belastungsphase und die Abkühlphase bei der Berechnung separat betrachtet werden. Deshalb wird für jede Drehzahlstufe eine Matrix der Größe 12 x 4 erzeugt. In den ersten drei Zeilen werden die Koeffizienten der Belastungsstufe 1 in der Reihenfolge X, Y und Z gespeichert. In den nächsten neun Zeilen sind analog die Koeffizienten der Belastungsstufen 2, 3 und 4 abgelegt. In der ersten Spalte befinden sich die K-Faktoren, in der zweiten Spalte die T-Faktoren, jeweils für die Belastungsmodelle. In Spalte 3 und 4 sind die Koeffizienten der Abkühlphasen hinterlegt. Die Koeffizientenmatrizen, die bei der Modellierung erzeugt werden, werden während der Korrektur für die Berechnung der Verlagerung des TCP in X-, Y- und Z-Richtung verwendet.

Analog zum Verzögerungsglied erster Ordnung werden im Folgenden Verzögerungsglieder zweiter, dritter, vierter und sechster Ordnung im diskreten Zeitbereich hergeleitet, um zu untersuchen, ob mit Verzögerungsgliedern höherer Ordnung bessere Modellierungs- bzw. Korrekturergebnisse erzielt werden.

Wie in Kapitel 5.3 erläutert, erfordert die Modellierung des thermoelastischen Maschinenverhaltens mit Verzögerungsgliedern höherer Ordnung keine schwingungsfähigen Verzögerungsglieder. Sämtliche Verzögerungsglieder höherer Ordnung werden dementsprechend aus einer Reihenschaltung von Verzögerungsgliedern erster Ordnung gebildet. Ein PT2-Glied kann aus zwei hintereinander geschalteten PT1-Gliedern gebildet werden (siehe Bild 5-11). Die Gleichung des Verzögerungsgliedes zweiter Ordnung im Bildbereich lautet nach [ABEL09]:

$$G(s) = \frac{K}{(1+T_1 s)(1+T_2 s)} \tag{5.11}$$

Die dazugehörigen Differentialgleichungen sind die Gleichungen (5.8) und (5.12), wobei die Konstanten aus Gleichung (5.8) zur Unterscheidung mit dem Index 1 gekennzeichnet werden. Die Gleichung (5.12) beschreibt das zweite PT1-Glied mit der Eingangsgröße *a* und der Ausgangsgröße *b* (siehe Bild 5-11).

$$\dot{b} = -\frac{1}{T_2} b + \frac{K_2}{T_2} a \tag{5.12}$$

Um eine Differentialgleichung mit der Eingangsgröße *u* und der Ausgangsgröße *b* zu erhalten (siehe Bild 5-11), wird Gleichung (5.12) nach *a* aufgelöst:

$$a = \frac{T_2}{K_2} \dot{b} + \frac{1}{K_2} b \tag{5.13}$$

Anschließend wird die nach *a* aufgelöste Gleichung nach der Zeit abgeleitet:

$$\dot{a} = \frac{T_2}{K_2} \ddot{b} + \frac{1}{K_2} \dot{b} \tag{5.14}$$

Setzt man die Gleichungen (5.13) und (5.14) in die Gleichung (5.8) ein, so erhält man eine Differentialgleichung zweiter Ordnung (Gleichung (5.15)), wobei das Produkt aus K_1 und K_2 zu K zusammengefasst wird.

$$T_1 T_2 \ddot{b} + (T_1 + T_2)\dot{b} + b = Ku \tag{5.15}$$

Eine zeitdiskrete Beschreibung des Übertragungsverhaltens gewinnt man analog zum Vorgehen beim Verzögerungsglied erster Ordnung durch näherungsweises Ersetzen der Differentialquotienten durch Differenzenquotienten. Die Näherungsbeziehung für den Differenzenquotient erster Ordnung ist aus der Herleitung des PT1 bekannt (Gleichung (5.9)). Für den Differenzenquotienten zweiter Ordnung gilt:

$$\ddot{b} = \left.\frac{d^2 b(t)}{dt^2}\right|_{t_n} \approx \left.\frac{\Delta^2 b}{\Delta t^2}\right|_{t_n} = \frac{\Delta b|_{t_n} - \Delta b|_{t_{n-1}}}{\Delta t^2} = \frac{b_{n+2} - 2b_{n+1} + b_n}{\Delta t^2} \tag{5.16}$$

Setzt man die beiden Differenzenquotienten (5.9) und (5.16) in die Gleichung (5.15) ein und ersetzt man in Gleichung (5.9) *a* durch *b*, erhält man die zeitdiskrete Gleichung des nicht schwingungsfähigen Verzögerungsgliedes zweiter Ordnung im Zeitbereich:

$$b_{n+2} = \frac{K u_{n+2} + b_{n+1}\left[\frac{2T_1 T_2}{\Delta t^2} + \frac{T_1 + T_2}{\Delta t}\right] - b_n \frac{T_1 T_2}{\Delta t^2}}{\frac{T_1 T_2}{\Delta t^2} + \frac{T_1 + T_2}{\Delta t} + 1} \tag{5.17}$$

Zu erkennen ist, dass der aktuelle Verlagerungswert b_{n+2} von der Spindelleistung u_{n+2}, den zwei Zeitkonstanten T_1 und T_2, dem Verstärkungsfaktor K und den vorherigen zwei Verlagerungswerten b_{n+1} und b_n abhängig ist. Die Ermittlung der Zeitkonstanten und des Verstärkungsfaktors erfolgt analog zum Verzögerungsglied erster Ordnung mit der nichtlinearen Methode der kleinsten Fehlerquadrate. Aufgrund der drei Modellparameter hat die Koeffizientenmatrix, in der diese gespeichert werden, eine Größe von 12 x 6 pro Drehzahlstufe.

Die Herleitung des diskreten Verzögerungsgliedes dritter Ordnung im Zeitbereich erfolgt analog zu den beiden zuvor dargestellten Verzögerungsgliedern. Das PT3-Glied wird aus drei hintereinander geschalteten PT1-Gliedern gebildet. Die Gleichung des Verzögerungsgliedes dritter Ordnung im Bildbereich lautet nach [ABEL09]:

$$G(s) = \frac{K}{(1+T_1 s)(1+T_2 s)(1+T_3 s)} \tag{5.18}$$

Erwartungsgemäß werden in diesem Fall drei Differentialgleichungen verwendet. Es sind die Differentialgleichungen (5.8) und (5.12), die für die Bildung des zeitdiskreten PT2-Gliedes verwendet werden, und zusätzlich die Differentialgleichung (5.19) mit *c* als Ausgangs- und *b* als Eingangsgröße (siehe Bild 5-11).

$$\dot{c} = -\frac{1}{T_3} c + \frac{K_3}{T_3} b \tag{5.19}$$

Durch die Kombination der drei Differentialgleichungen, indem die Gleichung (5.19) zunächst nach *b* aufgelöst, nach der Zeit einmal und zweimal abgeleitet und anschließend in die Gleichung (5.15) eingesetzt wird, erhält man die Differentialgleichung dritter Ordnung mit der Eingangsgröße *u* und der Ausgangsgröße *c*:

$$T_1 T_2 T_3 \dddot{c} + (T_1 T_2 + T_1 T_3 + T_2 T_3)\ddot{c} + (T_1 + T_2 + T_3)\dot{c} + c = Ku \tag{5.20}$$

Analog zum Verzögerungsglied erster und zweiter Ordnung werden die Differentialquotienten durch Differenzenquotienten ersetzt. Die Näherungsbeziehungen für die Differenzenquotienten erster und zweiter Ordnung sind aus den Gleichungen (5.9) und (5.16) bekannt. Die Näherungsbeziehung für den Differenzenquotient dritter Ordnung lautet:

$$\dddot{c} = \left.\frac{d^3 c(t)}{dt^3}\right|_{t_n} \approx \left.\frac{\Delta^3 c}{\Delta t^3}\right|_{t_n} = \frac{\Delta^2 c\big|_{t_n} - \Delta^2 c\big|_{t_{n-1}}}{\Delta t^3} = \frac{c_{n+3} - 3c_{n+2} + 3c_{n+1} - c_n}{\Delta t^3} \tag{5.21}$$

Das Ersetzen von *a* und *b* durch *c* in den Gleichungen (5.9), (5.16) und das Einsetzen der Differenzenquotienten (5.9), (5.16) und (5.21) in die Gleichung (5.20) liefert:

$$c_{n+3} = \frac{Ku_{n+3} + c_{n+2}\left[\frac{3T_1T_2T_3}{\Delta t^3} + \frac{2(T_1T_2 + T_1T_3 + T_2T_3)}{\Delta t^2} + \frac{T_1 + T_2 + T_3}{\Delta t}\right]}{\frac{T_1T_2T_3}{\Delta t^3} + \frac{T_1T_2 + T_1T_3 + T_2T_3}{\Delta t^2} + \frac{T_1 + T_2 + T_3}{\Delta t} + 1} - \frac{c_{n+1}\left[\frac{3T_1T_2T_3}{\Delta t^3} + \frac{T_1T_2 + T_1T_3 + T_2T_3}{\Delta t^2}\right] - c_n \frac{T_1T_2T_3}{\Delta t^3}}{\frac{T_1T_2T_3}{\Delta t^3} + \frac{T_1T_2 + T_1T_3 + T_2T_3}{\Delta t^2} + \frac{T_1 + T_2 + T_3}{\Delta t} + 1} \tag{5.22}$$

Die Gleichung (5.22) beschreibt ein zeitdiskretes, nicht schwingungsfähiges PT3-System im Zeitbereich. Der aktuelle Verlagerungswert c_{n+3} hängt von der aktuellen Spindelleistung u_{n+3}, den Modellparametern K, T_1, T_2 und T_3 und den vorherigen Verlagerungswerten c_{n+2}, c_{n+1} und c_n ab. Pro Belastungsfall ergeben sich vier zu modellierende Parameter. Die Größe der Koeffizientenmatrix beträgt daher 12 x 8 pro Drehzahlstufe.

Aufgrund der mit der Ordnung steigenden Komplexität der Verzögerungsglieder wird an dieser Stelle auf die Darstellung der zeitdiskreten Verzögerungsglieder vierter, fünfter und sechster Ordnung im Zeitbereich verzichtet. Ihre Herleitung erfolgt analog zu der Herleitung der dargestellten Verzögerungsglieder. Zu beachten ist lediglich, dass mit steigender Ordnung die Anzahl der Differentialgleichungen steigt und für den Differenzenquotienten m-ter Ordnung Gleichung (5.23) gilt.

$$\left.\frac{d^m c(t)}{dt^m}\right|_{t_k} \approx \left.\frac{\Delta^m c}{\Delta t^m}\right|_{t_k} = \frac{\left.\Delta^{m-1} c\right|_{t_k} - \left.\Delta^{m-1} c\right|_{t_{k-1}}}{\Delta t^m} \tag{5.23}$$

Mit jeder Ordnung nimmt die Anzahl der zu parametrierenden Modellkoeffizienten um zwei weitere Zeitkonstanten zu, da Belastungs- und Abkühlphase getrennt modelliert werden. Die Modellparameter eines PT4-Gliedes bilden eine Koeffizientenmatrix der Größe 12 x 10, die eines PT5 12 x 12 und die eines PT6 12 x 14. Bei einem PT4-Glied wird der aktuelle Verlagerungswert in Abhängigkeit von den Modellparametern, der aktuellen Spindelleistung und den vier letzten Verlagerungswerten berechnet. Bei einem PT5 sind es analog die letzten fünf Verlagerungswerte und bei einem PT6 die letzten sechs.

5.4.2 Korrekturalgorithmus

Correction algorithm

Die für die Betriebspunkte (vgl. Bild 5-3) erstellten Modelle werden in Form von Übertragungsfunktionen in einer Art Modelldatenbank gespeichert. Es handelt sich dabei um eine Matrix für die Verlagerungskorrektur mit allen Modellkoeffizienten, die während der Korrektur abhängig von der aktuellen Spindeldrehzahl und -leistung gewählt und in eine Modellgleichung eingesetzt werden. Die Modellmatrix beinhaltet, wie im vorherigen Kapitel beschrieben, die Koeffizienten der Modelle für die drei TCP-Richtungen sowie für die Aufwärm- und die Abkühlphase. In der Abkühlphase dreht die Spindel nicht. Dementsprechend ist im Gegensatz zur Belastungsphase die erzwungene Konvektion nicht vorhanden, sodass die Zeitkonstanten der Abkühlphasen größer sind als die der Belastungsphasen. Die Modellierung des thermoelastischen Verhaltens einer Fräsmaschine in 16 Betriebspunkten mit einem Verzögerungsglied erster Ordnung bedeutet, dass die Modellmatrix insgesamt 192 Einträge hat: 16 Betriebspunkte x 2 Modellparameter x 3 TCP-Richtungen x 2 Phasen.

Während der Korrektur greift der Korrekturalgorithmus auf die Drehzahl und die Wirkleistung der Hauptspindel zu. Beide Informationen werden der CNC der Fräsmaschine entnommen (vgl. Bild 4-1). Bild 5-12 zeigt den Korrekturalgorithmus und seine

Entscheidungslogik am Beispiel eines PT1-Modells. Drehzahl und Leistung werden zunächst zur Modellwahl herangezogen. Es gibt festgelegte Modellgrenzen, die bestimmen, welches Modell zur Korrektur herangezogen wird. Liegt beispielsweise bei 2000 min^{-1} und 3000 min^{-1} ein Modell vor, so kann die Grenze bei 2500 min^{-1} festgelegt werden. Ist die Spindeldrehzahl gleich oder kleiner als 2499 min^{-1}, wird das Modell der Stufe 2000 min^{-1} gewählt. Ist die Drehzahl größer als 2499 min^{-1}, wird zur Korrektur das Modell der Stufe 3000 min^{-1} herangezogen. Es findet also keine Interpolation an den Rändern der Teilmodelle statt und es werden zunächst mögliche Sprünge in der berechneten Verlagerung in Kauf genommen. Das Festlegen von Grenzen im Drehzahl- als auch Leistungsbereich führt zur Bildung von Intervallen.

Der Korrekturalgorithmus bestimmt zuerst das Drehzahl- und danach das Leistungsintervall (vgl. Bild 5-3).

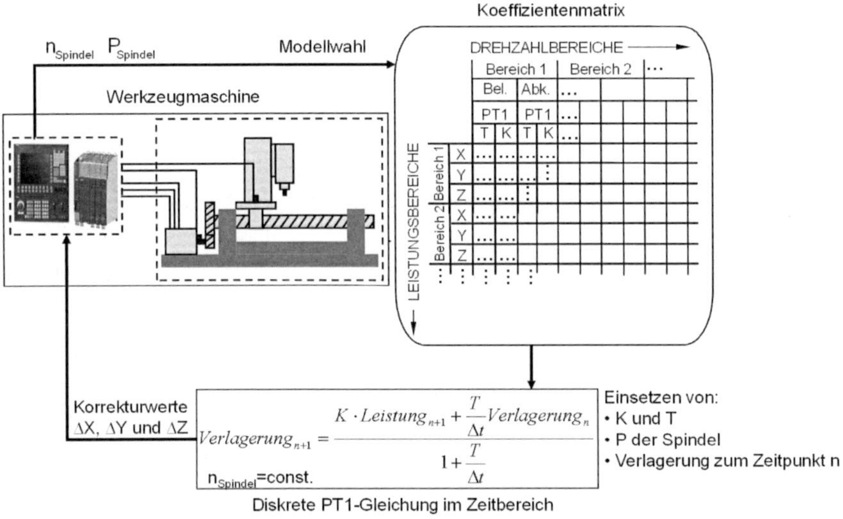

Bild 5-12: Korrekturalgorithmus und seine Entscheidungslogik am Beispiel eines PT1

Correction algorithm and its determination logic using the example of a PT1

Da zwischen der Belastungs- und der Abkühlphase unterschieden werden muss, beachtet der Korrekturalgorithmus ebenfalls die zurückliegenden Drehzahlwerte und entscheidet, welcher der beiden Fälle vorliegt. Damit ist das zu verwendende Modell eindeutig bestimmt. Nach dem Einsetzen der Modellkoeffizienten in die Übertragungsfunktion werden auf Basis der aktuellen Wirkleistung der Hauptspindel und der vergangenen Verlagerungen aktuelle TCP-Verlagerungswerte für die X-, Y- und Z-Richtung berechnet. Diese Werte stehen dem Korrekturmodul als Offsetwerte für die Korrektur der aktuellen TCP-Position zur Verfügung.

5.4.3 Modellierungsergebnisse mit Verzögerungsgliedern

Results of modeling by using time delay elements

Um die Güte eines Modells beurteilen zu können, reicht oft der Vergleich zwischen den berechneten und den gemessenen Verläufen. Ein häufig verwendetes Gütekriterium für die mathematische Beurteilung der Modellierungs- und Korrekturqualität stellt die Berechnung des mittleren Fehlers (engl.: root mean square error, RMSE) dar. Der RMSE-Wert wird nach Gleichung (5.24) berechnet.

$$RMSE = \sqrt{\frac{1}{n}\sum_{i=1}^{n}(g_i - b_i)^2} \tag{5.24}$$

Dabei ist *g* der gemessene und *b* der berechnete Wert des Verlagerungsverlaufs. Ein RMSE-Wert von 0 µm bedeutet, dass der berechnete und der gemessene Verlauf identisch sind. Je größer der RMSE-Wert ist, desto größer ist die Abweichung zwischen den Verläufen. In Tabelle 5.1 sind die RMSE-Werte der parametrierten Modelle der TCP-Verlagerung am Beispiel des Modells bei 6000 min^{-1} und 8,1 kW (12,9 Nm) in Abhängigkeit von der Modellordnung für die TCP-Richtungen Y und Z zu sehen. Diese sind mit einer Stelle nach dem Komma angegeben. Mehrere Nachkommastellen sind aufgrund möglicher Messfehler (Positionierungenauigkeit der Werkzeugmaschine, Ungenauigkeit beim Werkzeugwechsel, Abweichungen in der gesamten Messkette, Rauheit des Messdorns) nicht sinnvoll. Gemäß den RMSE-Werten liefern alle fünf Verzögerungsglieder ein zufriedenstellendes Modellierungsergebnis. Trotz der geringen Unterschiede ist auffällig, dass das Ergebnis mit steigender Modellordnung schlechter wird. Im Fall des untersuchten Bearbeitungszentrums liefert das beste Ergebnis mit 0,6 µm für die Y-Richtung und 0,5 µm für die Z-Richtung das Verzögerungsglied zweiter Ordnung. Daher liegt die Vermutung nahe, dass das Ergebnis der Korrektur im Fall des untersuchten Bearbeitungszentrums optimal ist, wenn Verzögerungsglieder zweiter Ordnung verwendet werden.

Tabelle 5.1: RMSE-Werte des Modells 6000 min^{-1} und 8,1 kW in Abhängigkeit von der Modellordnung; alle Werte in µm

RMSE values of the model 6000 min^{-1} and 8.1 kW subjected to the model order; all values in µm

	PT1	PT2	PT3	PT4	PT6
Y	0,6	0,6	0,6	0,6	0,7
Z	0,6	0,5	0,6	0,7	0,9

Die RMSE-Werte sind trotz ihrer häufigen Verwendung in der Fachliteratur im Zusammenhang mit einer Fräsbearbeitung kritisch zu bewerten. Ein Korrekturergebnis, das zum größten Teil die Realität sehr gut widerspiegelt, allerdings an einer Stelle einen starken Ausreißer aufweist, führt zu einem sehr guten RMSE-Wert. Der Ausreißer hat aber einen negativen Einfluss auf die Bearbeitungsgenauigkeit eines Werkstücks, da die einmalige Abweichung möglicherweise die zulässige Maßtoleranz des Werkstücks überschreitet. Im Folgenden werden daher zur Beurteilung der Modellierungs- und Korrekturqualität Peak-to-Peak-Werte des Fittingfehlers bzw. der Restverlagerung herangezogen und es wird auf die Angabe der RMSE-Werte verzichtet. Der Fittingfehler bzw. die Restverlagerung ist die Differenz zwischen der gemessenen und der berechneten TCP-Verlagerung und damit ein industrietaugliches Maß für die Güte des Modells bzw. der Korrekturqualität.

Tabelle 5.2: Peak-to-Peak-Werte des Fittingfehlers in Abhängigkeit von der Modellordnung am Beispiel des Modells 6000 min^{-1} und 8,1 kW; alle Werte in µm

Peak-to-peak values of the fitting error subjected to the model order using the example of the model 6000 min^{-1} *and 8.1 kW; all values in µm*

	PT1	PT2	PT3	PT4	PT6
Y_{max}	2	2	1,5	1,5	1,5
Y_{min}	-1	-1	-1	-1,5	-2
Z_{max}	1	1	1	1	1
Z_{min}	-3	-2	-4	-5	-7

Die in Tabelle 5.2 dargestellten Peak-to-Peak-Werte des Fittingfehlers für die Y- und Z-Richtung in Abhängigkeit von der Modellordnung am Beispiel des Modells bei 6000 min^{-1} und 8,1 kW (12,9 Nm) bestätigen die RMSE-Werte in Tabelle 5.1. Die größten Abweichungen zwischen der gefitteten und der gemessenen Verlagerungen treten im Fall des PT6 auf, die geringsten im Fall des PT2. Die mit der Modellordnung steigende Abweichung zwischen berechneter und gemessener Verlagerung liegt daran, dass zu Beginn der Verlagerungsberechnung die Initialwerte zu Null gesetzt werden. Die Steigung der Tangente zu Beginn des Verlagerungsverlaufs ist 0. Ein PT6-Glied berechnet den aktuellen Verlagerungswert in Abhängigkeit von den letzten sechs Werten. Am Anfang der Berechnung müssen also die ersten sechs Werte zu 0 µm gesetzt werden, obwohl sie in der Realität größer als Null sind. Im Fall des PT2-Gliedes sind zu Beginn der Berechnung nur zwei Verlagerungswerte 0 µm und damit abweichend von den realen Verlagerungswerten.

In Bild 5-13 ist der Fittingfehler eines PT6-Gliedes am Beispiel des Modells 6000 min^{-1} und 8,1 kW (12,9 Nm) in Z-Richtung zu sehen. Es sind die Wirkleistung der Hauptspindel als Eingangs- und die gemessene Verlagerung des TCP als Ausgangsgröße des Modells dargestellt. Neben der von den Modellen berechneten Verlagerung ist der Fittingfehler als Differenz zwischen der berechneten und der gemessenen Verlagerung zu sehen. Es ist gut erkennbar, dass zu Beginn der gefittete Verlauf der Verlagerung 0 µm beträgt, die gemessene Verlagerung allerdings stark zunimmt. Der Fittingfehler ist dementsprechend groß.

In Bild 5-14 ist das Ergebnis der Modellierung der TCP-Verlagerung mit einem zeitdiskreten Verzögerungsglied zweiter Ordnung für die Y- bzw. Z-Richtung am Beispiel der Spindelbelastung mit 6000 min^{-1} und 8,1 kW (12,9 Nm) dargestellt. Im Gegensatz zu Bild 5-13 ist zusätzlich im unteren Bereich der beiden Graphen die Drehzahl dargestellt.

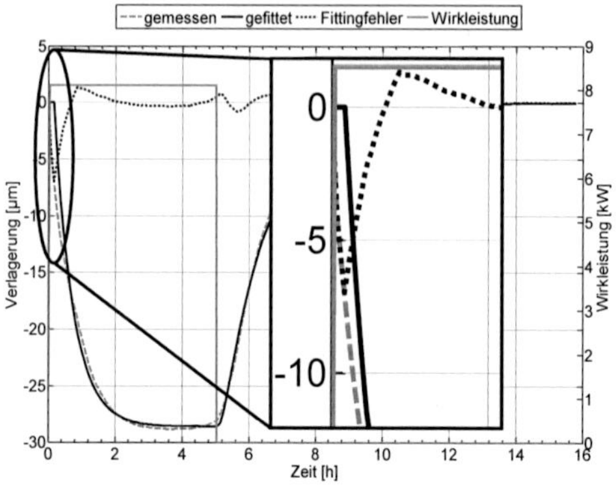

Bild 5-13: Fittingfehler eines PT6-Modells bei 6000 min^{-1} und 8,1 kW in Z-Richtung

Fitting error by using a PT6 due to 6000 min^{-1} and 8.1 kW in the Z-direction

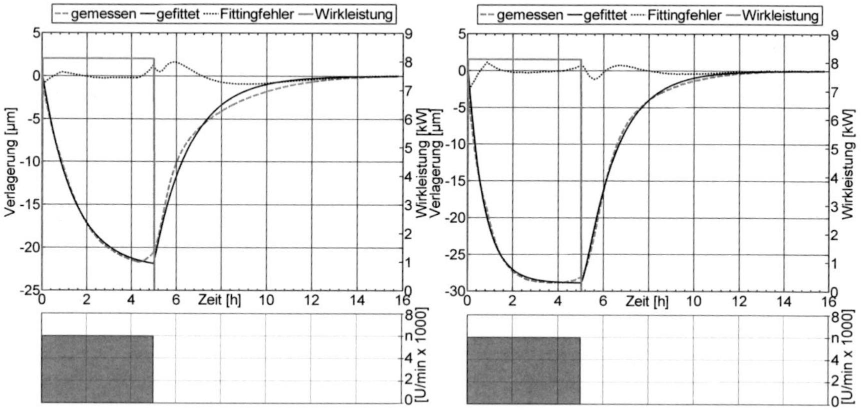

Bild 5-14: PT2-Modell bei 6000 min^{-1} und 8,1 kW in Y- (links) und Z-Richtung (rechts)

PT2 model due to 6000 min^{-1} and 8.1 kW in the Y- (left) and Z-direction (right)

Zusammenfassend kann gesagt werden, dass die gemessenen TCP-Verlagerungen sowohl vom Belastungs- als auch vom Abkühlmodell in Bild 5-14 sehr gut abgebildet werden. Es gibt nur wenige Stellen, an denen eine Abweichung auftritt. Insbesondere in der Abkühlphase der Y-Richtung ist eine leichte Abweichung zwischen gemessener und gefitteter Verlagerung zu erkennen. Allerdings schwankt der Fittingfehler im gesamten Verlauf nur zwischen -1 µm und 2 µm. Im Fall der Verlagerung in Z-Richtung ist die Diskrepanz zwischen der gemessenen und der gefitteten Verlagerung in der Abkühlphase sogar geringer. Der Fittingfehler bewegt sich für die Z-Richtung nur zwischen -2 µm und 1 µm. Für beide Richtungen können diese geringen Abweichungen zwischen gemessenen und gefitteten Verlagerungen im Vergleich zu der gemessenen maximalen TCP-Verlagerung als vernachlässigbar betrachtet werden.

Die Modellierungsergebnisse ermöglichen einen Einblick in das Verhalten der Verstärkungsfaktoren K_i und Zeitkonstanten T_i in Abhängigkeit von den Betriebspunkten. In Bild 5-15 ist der Verstärkungsfaktor K in Abhängigkeit von der Spindeldrehzahl und vom Drehmoment für die Verlagerungsrichtungen Y und Z am Beispiel des PT1 dargestellt. Der gezeigte Verstärkungsfaktor gilt für die Aufwärm- und Abkühlphase.

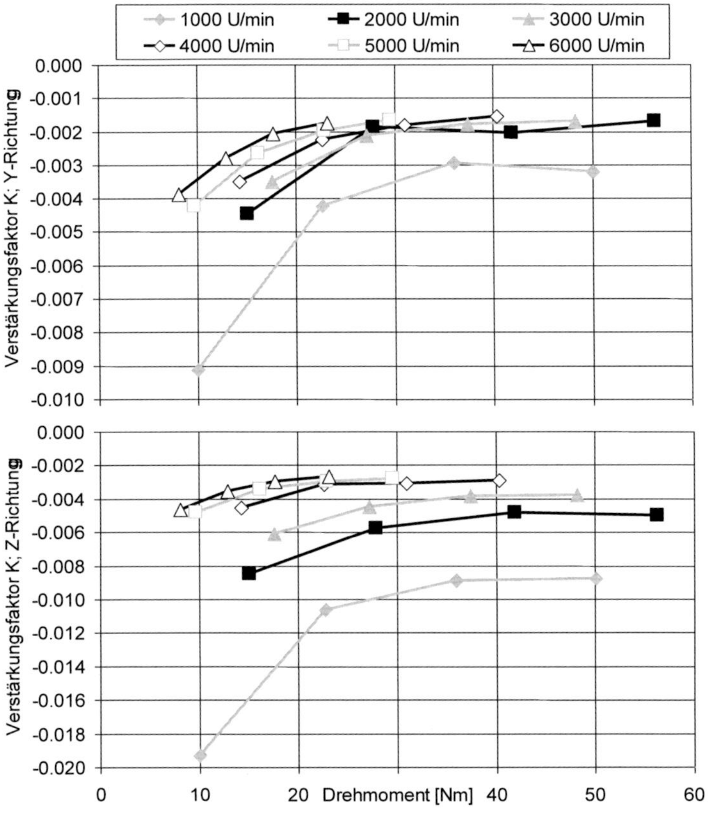

Bild 5-15: Verstärkungsfaktor K_i in Abhängigkeit von der Spindeldrehzahl und vom Drehmoment für die Verlagerungsrichtungen Y und Z; PT1-Modelle

Amplification factor K_i depending on the spindle speed and the torque for the directions Y and Z; PT1 models

Sowohl in Y- als auch in Z-Richtung ist ein degressiver Anstieg des Verstärkungsfaktors bei steigendem Drehmoment erkennbar. Insbesondere in Z-Richtung liegt eine eindeutige Zunahme des Verstärkungsfaktors im Betrag mit abnehmender Spindeldrehzahl vor. Die dargestellten Verläufe zeigen, dass eine Interpolation der Verstärkungsfaktoren K_i zwischen den einzelnen Drehmomentstufen zur Ermittlung von Belastungsmodellen möglich ist. Ob dies auch im Fall der Zeitkonstanten möglich ist, wird mit Hilfe von Bild 5-16 untersucht, in dem die Zeitkonstante T in Abhängigkeit von der Spindeldrehzahl und vom Drehmoment für die Verlagerungsrichtungen Y und Z am Beispiel des PT1 dargestellt ist. Die gezeigten Zeitkonstanten T_i gelten für die Aufwärmphase. Auf die Darstellung der Zeitkonstanten T_i der Abkühlphase, die erwartungsgemäß länger sind, wird an dieser Stelle verzichtet.

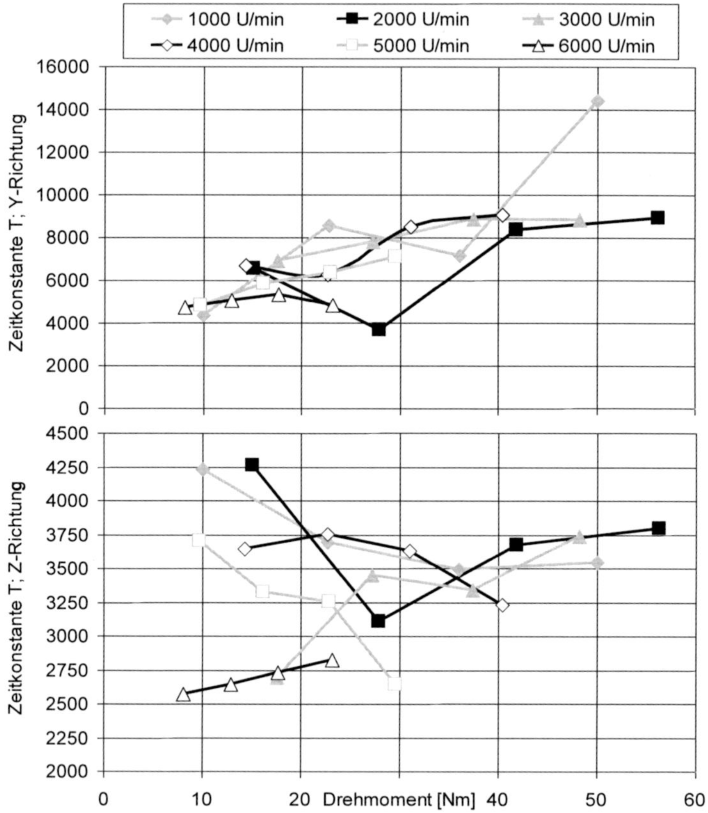

Bild 5-16: Zeitkonstante T_i in Abhängigkeit von der Spindeldrehzahl und vom Drehmoment für die Verlagerungsrichtungen Y und Z; PT1-Modelle, Aufwärmphase

Time constant T_i depending on the spindle speed and the torque for the directions Y and Z; PT1 models, load phase

Im Fall der Zeitkonstanten ist nicht bei allen Drehzahlstufen eine einheitliche Abhängigkeit zwischen den Parametern zu erkennen. Bei 6000 min^{-1} steigt für die Z-Richtung die Zeitkonstante mit dem Drehmoment streng monoton an. In Y-Richtung ist die Zeitkonstante dagegen bei der gleichen Drehzahl beinahe unabhängig vom Drehmoment. Bei 5000 min^{-1} nimmt die Zeitkonstante für die Z-Richtung mit steigendem Drehmoment ab. Für die Y-Richtung steigt sie dagegen mit dem Drehmoment streng monoton an. Im Fall der Drehzahlstufe 1000 min^{-1} fällt die Zeitkonstante für die Z-Richtung mit steigendem Drehmoment, wobei ihr Verhalten als fast asymptotisch bezeichnet werden kann. In Y-Richtung scheint sich die Zeitkonstante der gleichen Drehzahlstufe stochastisch zu verhalten. Das gleiche trifft auf beide Richtungen der Stufe 2000 min^{-1} zu.

Um beweisen zu können, dass eine Interpolation der Zeitkonstanten T_i zwischen den einzelnen Drehmomentstufen zur Ermittlung von Belastungsmodellen für die Korrektur zielführend ist, ist die Modellierung des thermoelastischen Verhaltens in mehr als nur vier Betriebspunkten erforderlich. Aufgrund der guten Übereinstimmung der Simulationsergebnisse mit den Messergebnissen, bereits ohne eine Interpolation zwischen den Modellparametern, wird an dieser Stelle auf eine vertiefende Untersuchung verzichtet. Diese ist in weiterführenden Arbeiten denkbar.

5.4.4 Korrekturergebnisse mit Verzögerungsgliedern

Correction results by using time delay elements

Mit der Beurteilung der Modellierungsgüte lässt sich keine Aussage über die Allgemeingültigkeit der Korrekturmethode und ihre Qualität treffen. Nach den Versuchen zur Untersuchung und Modellierung des thermoelastischen Maschinenverhaltens wurde die modellierte Fräsmaschine mit vier Drehzahl- und Leistungsspektren belastet. Diese haben eine Dauer von ca. 25 bzw. 20 Stunden (Spektrum 1 bzw. 2) und 40 Stunden (Spektrum 3 und 4) und beinhalten wechselhafte Drehzahl- und Leistungsstufen mit unterschiedlich großen Leistungssprüngen (Bild 5-17 und Bild 5-18). Zum Drehzahl- und Leistungsspektrum gehören sowohl Drehzahl- und Leistungsstufen, die modelliert wurden, als auch solche, die in der Modellierungsphase nicht berücksichtigt wurden.

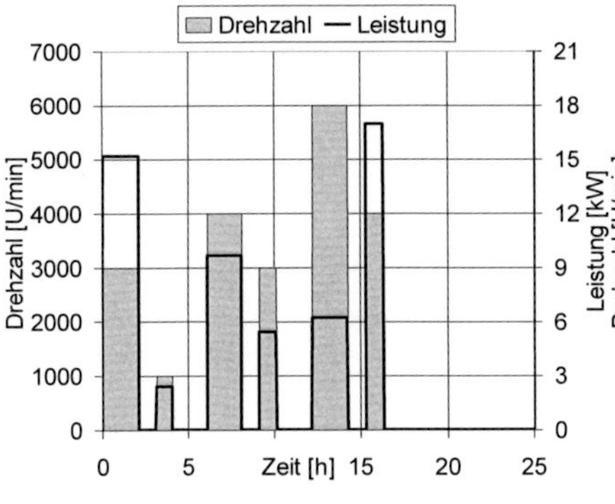

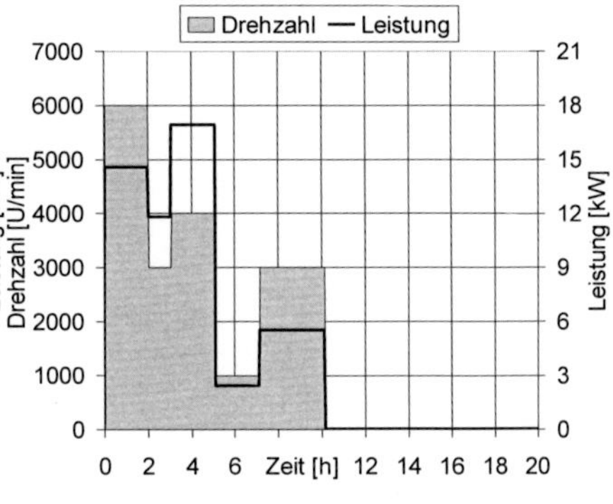

Bild 5-17: Belastungsspektrum 1 (links) und 2 (rechts)

Load spectrum 1 (left) and 2 (right)

Im Gegensatz zu den meisten Forschungsarbeiten auf dem Gebiet der Korrektur thermoelastischer TCP-Verlagerungen an Werkzeugmaschinen [JUNG00b], [SCHÄ94], [BONS99], [WULF91], [HEIS80], [HAAS78], [JEDR07b], [DENK09] wurden für die Validierung der Korrekturmethode Belastungsspektren mit einem großen Zeitfenster gewählt, um untersuchen zu können, ob die Korrekturqualität von der Laufzeit der Maschine abhängig ist. In den Arbeiten von [CHEN96a], [LI97], [WANG98] und [KO03] kommt es im Laufe der Korrektur, trotz eines kleinen Zeitfensters, zu einer Divergenz zwischen simulierter und gemessener Verlagerung, was im Hinblick auf die Industrietauglichkeit inakzeptabel ist. Zu unterstreichen ist ebenfalls die Tatsache, dass die Spektren Abkühlphasen beinhalten, da diese in der industriellen Anwendung selbstverständlich ebenfalls stattfinden, z.B. während einer Mittagspause oder im Fall eines Ein- oder Zweischichtbetriebes.

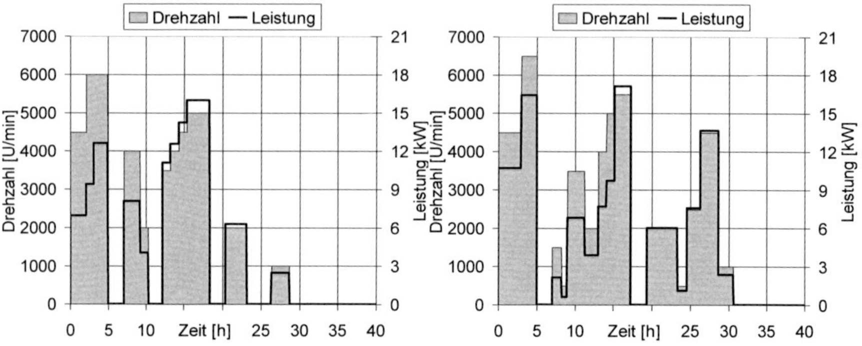

Bild 5-18: Belastungsspektrum 3 (links) und 4 (rechts)

Load spectrum 1 (left) and 2 (right)

Während der Belastung der Maschine mit den erläuterten Spektren wurden die Drehzahl, die Wirkleistung der Hauptspindel und die Verlagerung am TCP in Y- und Z-Richtung in einer Arbeitsraumposition (X=-533,771 mm, Y=516,652 mm und Z=-311,388 mm) der Werkzeugmaschine gemessen. Diese TCP-Position entspricht der Position, in der das thermoelastische Verhalten der Werkzeugmaschine modelliert wurde. Die Ergebnisse der Verlagerungssimulation am Beispiel der vier Spektren werden im Folgenden erläutert.

In Tabelle 5.3 sind die Maxima und Minima der TCP-Restverlagerung in Abhängigkeit von der Modellordnung und dem Belastungsspektrum für die Y- und die Z-Richtung zu sehen. Zusätzlich ist für beide Richtungen der erzielte Optimierungsgrad in Abhängigkeit von der Modellordnung in Prozent angegeben. Der Optimierungsgrad wird berechnet, indem die Differenz zwischen der ursprünglichen und der erreichten Restverlagerung durch die ursprüngliche Verlagerung (Peak-to-Peak-Werte) geteilt wird.

Die höchsten Abweichungen zwischen gemessener und simulierter Verlagerung liefert die Korrektur auf Basis von Verzögerungsgliedern erster Ordnung. Mit steigender Modellordnung steigt die Korrekturqualität für beide Richtungen an und erreicht beim Verzögerungsglied dritter Ordnung ein Optimum. Die Verzögerungsglieder vierter und sechster Ordnung liefern wieder etwas schlechtere Korrekturergebnisse.

Zusammenfassend lässt sich sagen, dass trotz des guten Modellierungsergebnisses des PT2 in Kapitel 5.4.3 das PT3 für den betrachteten Fall die besten Korrekturergebnisse liefert. Die Reduzierung des Versuchs- und Modellierungsaufwandes in Kapitel 5.5 wird dementsprechend am Beispiel der Korrektur auf Basis von Verzögerungsgliedern dritter Ordnung untersucht.

Tabelle 5.3: Peak-to-Peak-Werte der Restverlagerung in Abh. von der Modellordnung und dem Spektrum (Werte in µm) und der Optimierungsgrad in %, T≈konst.

Peak-to-peak values of the residual error subjected to the model order and spectrum (all values in µm) and the grade of optimization in %, T≈const.

		PT1	Opt. [%]	PT2	Opt. [%]	PT3	Opt. [%]	PT4	Opt. [%]	PT6	Opt. [%]
Spektrum 1	Y_{max}	5	60	5	65	5	65	6	60	6	60
	Y_{min}	-3		-2		-2		-2		-2	
	Z_{max}	3	75	4	77	4	83	5	75	6	71
	Z_{min}	-10		-8		-5		-8		-9	
Spektrum 2	Y_{max}	4	64	4	64	4	64	3	68	3	68
	Y_{min}	-4		-4		-4		-4		-4	
	Z_{max}	10	60	10	62	9	64	8	67	8	64
	Z_{min}	-8		-7		-7		-7		-8	
Spektrum 3	Y_{max}	3	60	3	60	3	60	3	60	3	60
	Y_{min}	-7		-7		-7		-7		-7	
	Z_{max}	9	63	9	70	9	70	9	70	10	68
	Z_{min}	-6		-3		-3		-3		-3	
Spektrum 4	Y_{max}	3	70	3	70	3	70	3	70	3	70
	Y_{min}	-5		-5		-5		-5		-5	
	Z_{max}	4	63	4	69	4	76	4	76	5	74
	Z_{min}	-14		-11		-8		-8		-8	

In Bild 5-19 bis Bild 5-22 sind die Korrekturergebnisse an den vier Belastungsspektren unter Verwendung von Verzögerungsgliedern dritter Ordnung für die Y- und die Z-Richtung des TCP dargestellt. In allen vier Bildern sind die Wirkleistung der Hauptspindel (graue durchgezogene Linie) als Eingangs- und die gemessene Verlagerung des TCP (graue gestrichelte Linie) als Ausgangsgröße des thermischen Systems dargestellt. Neben der von den Modellen simulierten Verlagerung (schwarze durchgezogene Linie) ist zusätzlich die Restverlagerung als Differenz zwischen der simulierten und der gemessenen Verlagerung zu sehen (schwarze gepunktete Linie). Im unteren Teil der Graphen ist das dazugehörige Drehzahlspektrum aufgetragen, da die dargestellte Verlagerung das Resultat einer Drehzahl- und Leistungsvariation ist. Die Messung zeigt bei allen vier Belastungsspektren, dass die TCP-Verlagerung für beide Richtungen im Betrag mit der Leistung und der Drehzahl zunimmt und in den Abkühlphasen zügig zurückgeht. Der Vergleich zwischen den Verlagerungsbeträgen beider Richtungen zeigt, dass die Verlagerung in Z-Richtung höher ist als die in Y-Richtung.

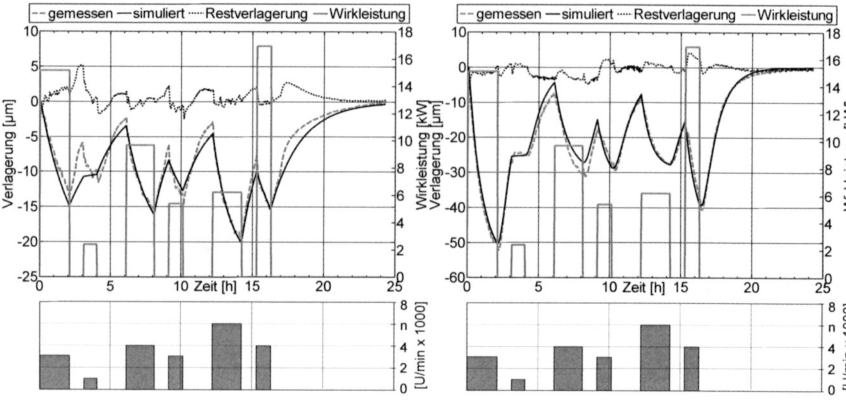

Bild 5-19: Korrektur in Y- (links) und Z-Richtung (rechts), PT3, Spektrum 1, T≈konst.

Correction for Y- (left) and Z-direction (right), PT3, spectrum 1, T≈const.

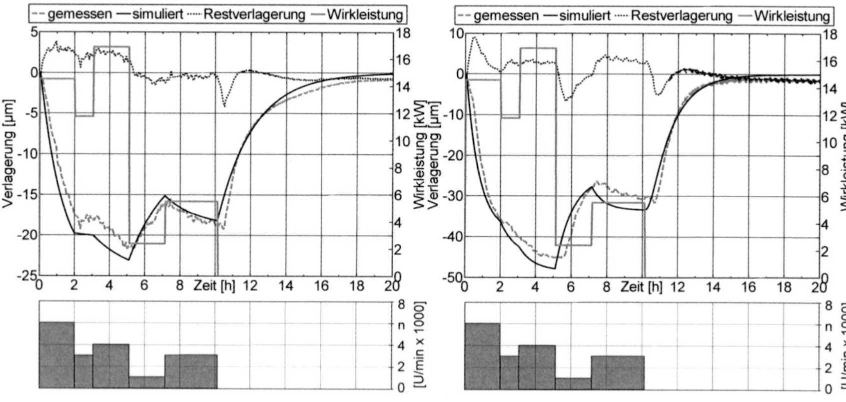

Bild 5-20: Korrektur in Y- (links) und Z-Richtung (rechts), PT3, Spektrum 2, T≈konst.

Correction for Y- (left) and Z-direction (right), PT3, spectrum 2, T≈const.

Die maximale Verlagerung in Z-Richtung beträgt -52 µm und tritt während des Spektrums 1 auf (Bild 5-19 rechts). In Y-Richtung erreicht die Verlagerung ihr Maximum bei -27 µm im Spektrum 4 (Bild 5-22 links).

Bei allen vier Belastungsspektren ist die sehr gute Übereinstimmung zwischen der gemessenen und der simulierten TCP-Verlagerung zu erkennen. Bis auf einige wenige Abweichungen wird die TCP-Verlagerung in Y- und Z-Richtung von den PT3-Modellen sehr gut berechnet, sodass die geringen Abweichungen zwischen gemessenen und simulierten Verlagerungen im Vergleich zu den jeweils gemessenen maximalen TCP-Verlagerungen als vernachlässigbar betrachtet werden können. Die Ursache für das Auftreten der geringen Diskrepanzen kann allerdings nicht ermittelt werden. Mit den berechneten Verlagerungswerten kann das spindellastabhängige thermoelastische Maschinenverhalten signifikant optimiert werden. Im Fall der Y-Richtung bei Spektrum 1 kann der thermisch bedingte Positionsfehler des TCP durch den Einsatz der vorgestellten Korrekturmethode um 65 % reduziert werden (Bild 5-19 links). Für die Z-Richtung des gleichen Spektrums kann eine Verlagerungsreduzierung von 83 % erzielt werden. Im Fall des Spektrums 2 wird sowohl für die Y- als auch Z-Richtung eine Optimierung von 64 % erreicht (Bild 5-20). Im Fall der Y-Richtung bei Spektrum 3 ist eine ähnliche Größenordnung zu beobachten: Die Verlagerung wird um 60 % reduziert (Bild 5-21 links). Bei der Verlagerung in Z-Richtung sind es 70 % (Bild 5-21 rechts).

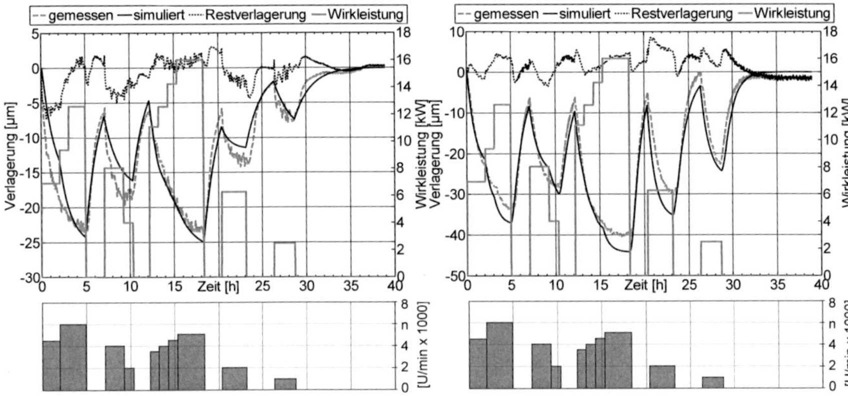

Bild 5-21: Korrektur in Y- (links) und Z-Richtung (rechts), PT3, Spektrum 3, T≈konst.

Correction for Y- (left) and Z-direction (right), PT3, spectrum 3, T≈const.

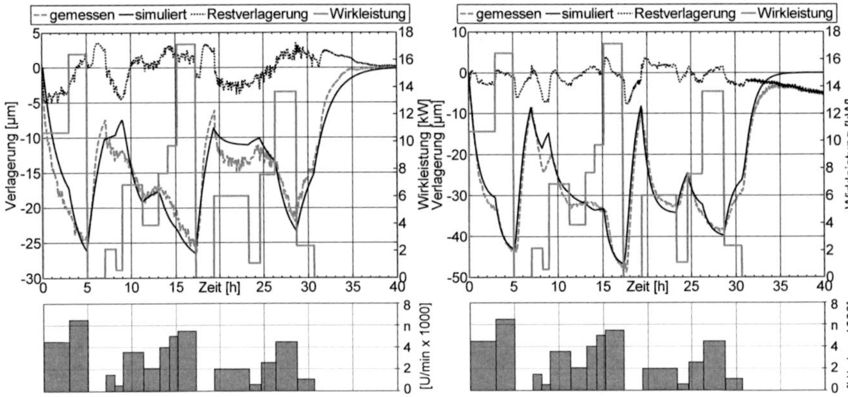

Bild 5-22: Korrektur in Y- (links) und Z-Richtung (rechts), PT3, Spektrum 4, T≈konst.

Correction for Y- (left) and Z-direction (right), PT3, spectrum 4, T≈const.

Bei Spektrum 4 kann eine Verlagerungsreduzierung in Y-Richtung von 70 % und in Z-Richtung von 76 % erzielt werden (Bild 5-22).

Die indirekte leistungs- und drehzahlbasierte Korrektur auf Basis der Modellierung des spindellastabhängigen thermisch bedingten Verformungsverhaltens mit zeitdiskreten Verzögerungsgliedern dritter Ordnung zeigt unter annähernd konstanten Umgebungstemperaturbedingungen ($\Delta T=\pm 0{,}5$ °C) sehr gute Ergebnisse.

Der vorgestellte Ansatz ermöglicht auch bei stark schwankenden Drehzahlen und Drehmomentbelastungen der Hauptspindel eine signifikante Optimierung des thermoelastischen Verhaltens. Trotz der langen Belastungsspektren ist keine Divergenz zwischen der gemessenen und der simulierten TCP-Verlagerung zu erkennen. Es kann allerdings nicht ausgeschlossen werden, dass es in der Praxis nach mehreren Tagen zu einer Abweichung zwischen der Simulation und der tatsächlichen Verlagerung kommt. Aufgrund dessen wird in Kapitel 8 die indirekte mit der direkten Korrektur kombiniert.

Im folgenden Kapitel wird untersucht, welchen Einfluss die Reduzierung des Versuchs- und Modellierungsaufwandes auf die Korrekturqualität hat, indem die Anzahl der für die Korrektur verwendeten Modelle reduziert wird. Die Reduzierung der Modelle wird wie bereits erwähnt am Beispiel der Korrektur mit Verzögerungsgliedern dritter Ordnung durchgeführt.

5.5 Reduzierung des Versuchs- und Modellierungsaufwandes

Reduction of the experimental and modeling effort

In Kapitel 5.4.4 ist die Korrektur der spindellastabhängigen thermisch bedingten TCP-Verlagerungen auf Basis der Modellierung mit Verzögerungsgliedern dritter Ordnung in insgesamt 24 Betriebspunkten (6 Drehzahlstufen x 4 Leistungsstufen, siehe S. 52, letzter Absatz) durchgeführt und an vier Belastungsspektren validiert worden (Bild 5-19 bis Bild 5-22). Die vorgestellte Methode zur Modellierung der thermisch bedingten TCP-Verlagerungen erfordert viel Zeit, da Beharrungszustände erreicht werden müssen. Die Modellierung einer Werkzeugmaschine in 24 Betriebspunkten dauert bei einem Arbeitstag von 16 Stunden insgesamt 24 Tage, was die Akzeptanz der vorgestellten Methode erschwert. Ein derart großer Aufwand ist wirtschaftlich nur vertretbar, wenn die erstellten Modelle von der untersuchten Maschine auf baugleiche Maschinen einer Serie übertragen werden können. Dies kann allerdings im Rahmen dieser Arbeit nicht verifiziert werden. Zur Reduzierung des Messaufwandes wird daher im Folgenden die Anzahl der Betriebspunkte sukzessive reduziert, wobei nach jeder Reduktion die Korrekturqualität an den vier präsentierten Belastungsspektren verifiziert wird. Diese Untersuchung wird durchgeführt, um die Frage beantworten zu können, ob eine Optimierung des thermoelastischen Maschinenverhaltens auf Basis von wenigen Modellierungsversuchen grundsätzlich möglich ist. Es wird aber davon ausgegangen, dass die Korrekturgüte auf Basis von nur wenigen Modellen nicht die Qualität einer umfangreichen Modellierung erreichen kann.

Die Wahl der Drehzahlstufen für die Modellierung erfolgt nach der Beurteilung der Verlagerungsbeträge in Bild 5-8. Die Idee besteht darin, Drehzahlstufen zu verwenden, deren Verlagerungsbeträge gleichmäßig, d.h. im gleichen Abstand voneinander verteilt sind, um einen möglichst großen Verlagerungsbereich abzudecken und gleichzeitig den Korrekturfehler zu minimieren. In Y-Richtung erkennt man eine proportionale Abhängigkeit der Verlagerung von der Drehzahl. Bei allen vier Belastungsstufen steigt der Verlagerungsbetrag mit der Drehzahl an. Im Fall der Z-Verlagerung ist eine eindeutige Drehmomentabhängigkeit zu beobachten. Um einen Kompromiss zwischen der Y- Richtung und der Z-Richtung zu erzielen, werden bei der Modellierung mit fünf Drehzahlstufen die Drehzahlen 1000, 2000, 3000, 4000 und 6000 min^{-1} gewählt. Im Fall der Modellierung mit vier Drehzahlstufen fällt die Wahl auf die Stufen 1000, 3000, 4000 und 6000 min^{-1}. Jede Drehzahlreduktion verringert den Versuchsaufwand um vier Tage, weil für jede Drehzahl vier Belastungssituationen modelliert werden. Für die Modellierung mit drei Drehzahlstufen werden die Drehzahlstufen 1000, 3000 und 6000 min^{-1} gewählt. Im Fall der Modellierung mit zwei Drehzahlstufen wird die Werkzeugmaschine bei 3000 und 6000 min^{-1} und bei einer Drehzahlstufe bei 4000 min^{-1} modelliert.

Die Korrekturqualität in Abhängigkeit von der Anzahl der Drehzahlstufen und der Belastungsspektren ist in Tabelle 5.4 zu sehen. Die Korrekturgüte wird von den Peak-to-Peak-Werten der Restverlagerung (Differenz zwischen gemessener und simulierter Verlagerung) repräsentiert. Die Peak-to-Peak-Werte der Restverlagerung variieren von Spektrum zu Spektrum und werden durch die Wahl der Drehzahlstufen stark beeinflusst. Die beste Korrekturqualität liefert im Durchschnitt erwartungsgemäß die Korrektur auf Basis einer umfangreichen Modellierung, nämlich mit sechs Drehzahlstufen, deren Ergebnis in Kapitel 5.4.4 ausführlich dargestellt und diskutiert wurde. Die Korrektur mit fünf Drehzahlstufen erfordert 20 Tage für die Versuchsdurchführung inklusive der Modellierung, was im Vergleich zu der Korrektur mit sechs Drehzahlstufen keine nennenswerte Zeitersparnis darstellt. Dementsprechend sind die Korrekturergebnisse ähnlich gut wie im Fall der Modellierung mit 48 Modellen. Nur im Fall des Spektrums 4 sind leichte Qualitätseinbußen im Korrekturergebnis erkennbar. Die Restverlagerung steigt von 8 µm (Peak-to-Peak-Amplitude) auf 10 µm für die Y-Richtung an. In Z-Richtung steigt der Restfehler von 12 µm auf 14 µm an. Damit fällt der Optimierungsgrad von 70 % auf 63 % (Y-Richtung), bzw. von 76 % auf 71 % (Z-Richtung). Die geringste Optimierung liegt bei sechs und fünf Drehzahlstufen immerhin bei 60 %.

Die Korrektur auf Basis einer Modellierung mit vier und drei Drehzahlstufen liefert insbesondere bei Spektrum 3 und 4 auffällig schlechte Ergebnisse in Z-Richtung. Die Restverlagerung erreicht Peak-to-Peak-Amplituden von bis zu 30 µm.

Die Korrektur mit der Drehzahlstufe 4000 min^{-1} liefert im gleichen Fall ein wesentlich besseres Korrekturergebnis. Der Restfehler fällt von 30 µm auf 18 µm. Damit steigt die Verlagerungsreduzierung von 39 % auf 63 % an. Unter Berücksichtigung des geringen Versuchsaufwandes (4 Betriebspunkte, 8 Modelle, 4 Tage) liefert die Korrektur mit der Drehzahlstufe 4000 min^{-1} akzeptable Ergebnisse. Die höchste Restverlagerung tritt dabei in Y-Richtung bei Spektrum 4 mit einer Peak-to-Peak-Amplitude von 14 µm und in Z-Richtung im Fall des Spektrums 2 mit 22 µm auf. Trotzdem wird eine eindeutige Optimierung des thermoelastischen Verhaltens erzielt, da die Verlagerung um 48 % bzw. 51 % reduziert wird.

Tabelle 5.4: Peak-to-Peak-Werte der Restverlagerung in Abhängigkeit von der Anzahl der Modelle und dem Spektrum, PT3-Modelle, alle Werte in µm, T≈konst.

Peak-to-peak values of the residual error subjected to the number of models and spectrum, PT3 models, all values in µm, T≈const.

		Spek. 1	Opt. [%]	Spek. 2	Opt. [%]	Spek. 3	Opt. [%]	Spek. 4	Opt. [%]
6 Drehzahlstufen (48 Modelle)	Y_{max}	5	65	4	64	3	60	3	70
	Y_{min}	-2		-4		-7		-5	
	Z_{max}	4	83	9	64	9	70	4	76
	Z_{min}	-5		-7		-3		-8	
5 Drehzahlstufen (40 Modelle)	Y_{max}	5	65	4	64	3	60	6	63
	Y_{min}	-2		-4		-7		-4	
	Z_{max}	4	83	9	64	9	68	4	71
	Z_{min}	-5		-7		-4		-10	
4 Drehzahlstufen (32 Modelle)	Y_{max}	6	60	4	64	5	52	5	67
	Y_{min}	-2		-4		-7		-4	
	Z_{max}	5	81	9	64	23	33	20	39
	Z_{min}	-5		-7		-4		-10	
3 Drehzahlstufen (24 Modelle)	Y_{max}	6	60	4	64	7	44	5	52
	Y_{min}	-2		-4		-7		-8	
	Z_{max}	10	75	15	56	23	38	20	39
	Z_{min}	-3		-5		-2		-10	
2 Drehzahlstufen (16 Modelle)	Y_{max}	6	60	4	64	6	52	7	44
	Y_{min}	-2		-4		-6		-8	
	Z_{max}	10	64	16	38	17	38	11	47
	Z_{min}	-9		-12		-8		-15	
1 Drehzahlstufe (8 Modelle)	Y_{max}	3	60	1	73	6	48	7	48
	Y_{min}	-5		-5		-7		-7	
	Z_{max}	3	71	7	51	6	55	2	63
	Z_{min}	-12		-15		-12		-16	

Zusammenfassend lässt sich sagen, dass die Betrachtung der Optimierungsqualität in Abhängigkeit von der Anzahl der für die Modellierung verwendeten Drehzahlstufen zu einem unerwarteten Ergebnis führt, da zu erwarten wäre, dass die Optimierungsqualität mit sinkender Anzahl von Drehzahlstufen abnimmt. Dieses ist insbesondere für die Modellierung mit nur einer Drehzahlstufe bei 4000 min^{-1} nicht der Fall. Zur Veranschaulichung des beobachteten Sachverhalts fasst Bild 5-23 die in Tabelle 5.4 dargestellten Ergebnisse grafisch zusammen. Der angesprochene Effekt tritt im Fall der Z-Optimierung bei allen vier Spektren auf und wird im Folgenden am Beispiel des Spektrums 1 erläutert.

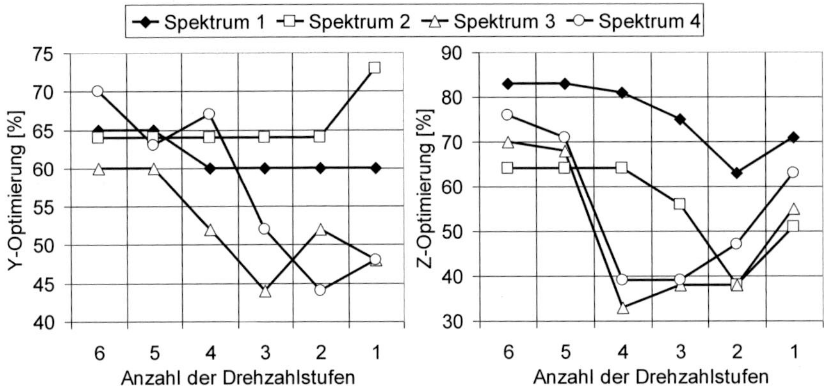

Bild 5-23: Optimierung in Abhängigkeit von der Anzahl der verwendeten Drehzahlstufen

Optimization depending on the number of used speed levels

Die Bestimmung der Modellierungsstufen beeinflusst den Korrekturalgorithmus in der Berechnung der TCP-Verlagerung. In Bild 5-24 sind die zur Berechnung verwendeten Korrekturmodelle am Beispiel des Spektrums 1 dargestellt. Bei zwei Drehzahlstufen werden andere Modelle verwendet als bei einer Drehzahlstufe (siehe Bild 5-24 rechts).

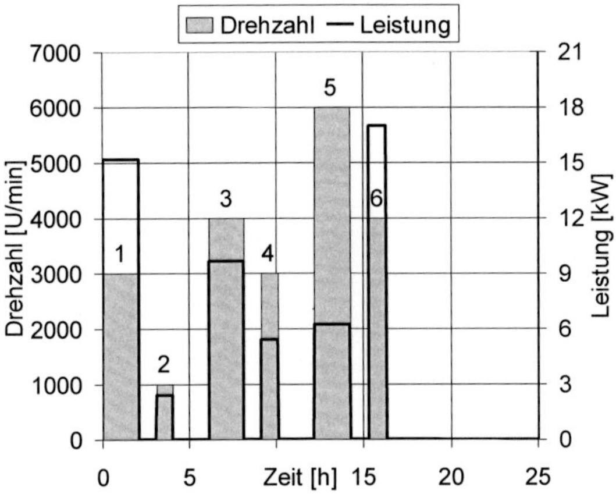

2 Drehzahlstufen
1: 3000 U/min, Belastungsstufe 4
2: 3000 U/min, Belastungsstufe 1
3: 3000 U/min, Belastungsstufe 2
4: 3000 U/min, Belastungsstufe 1
5: 6000 U/min, Belastungsstufe 1
6: 3000 U/min, Belastungsstufe 4

1 Drehzahlstufe
1: 4000 U/min, Belastungsstufe 4
2: 4000 U/min, Belastungsstufe 1
3: 4000 U/min, Belastungsstufe 2
4: 4000 U/min, Belastungsstufe 1
5: 4000 U/min, Belastungsstufe 1
6: 4000 U/min, Belastungsstufe 4

Bild 5-24: Verwendung der Korrekturmodelle in Abh. von den Drehzahlstufen, Spektrum 1

Application of correction models depending on the speed levels, spectrum 1

Die jeweiligen Belastungsstufen weisen unterschiedliche Verlagerungsverläufe auf. Die Verlagerungsverläufe der Drehzahlstufe 4000 min^{-1} sind zufälligerweise für die Korrektur des Spektrums 1 geeigneter als die Verlagerungsverläufe der beiden anderen Drehzahlstufen, weil sie die Belastungssituation besser abbilden können. Der beobachtete Effekt wird besonders deutlich beim Vergleich zwischen der Korrekturqualität auf Basis der Drehzahlstufe 4000 min^{-1} und 1000 min^{-1} in Bild 5-25 und Bild 5-26 am Beispiel des Spektrums 1 für die TCP-Richtungen Y und Z.

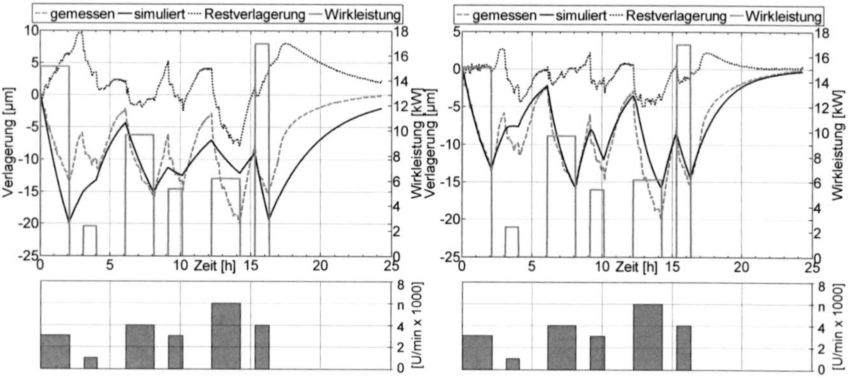

Bild 5-25: Korrekturergebnis in Y-Richtung (Spektrum 1) auf Basis der Modellierung mit der Drehzahlstufe 1000 min^{-1} (links) und 4000 min^{-1} (rechts), PT3, T≈konst.

Correction result in the Y-direction (spectrum 1) by modeling on the speed level 1000 min^{-1} (left) and 4000 min^{-1} (right), PT3, T≈const.

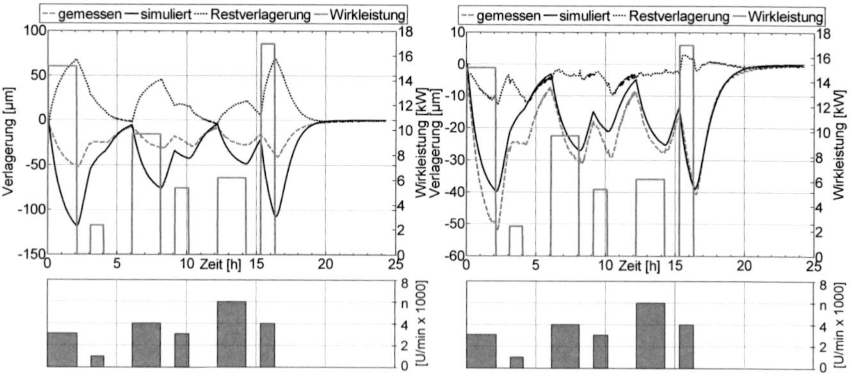

Bild 5-26: Korrekturergebnis in Z-Richtung (Spektrum 1) auf Basis der Modellierung mit der Drehzahlstufe 1000 min^{-1} (links) und 4000 min^{-1} (rechts), PT3, T≈konst.

Correction result in the Z-direction (spectrum 1) by modeling on the speed level 1000 min^{-1} (left) and 4000 min^{-1} (right), PT3, T≈const.

Obwohl in beiden Fällen der gleiche Versuchs- und Modellierungsaufwand betrieben wird, ist das Korrekturergebnis auf Basis der Modellierung mit der Drehzahlstufe 1000 min^{-1} sehr schlecht, was sich insbesondere durch die hohe Restverlagerung mit einer Peak-to-Peak-Amplitude von über 70 µm in Z-Richtung (Bild 5-26 links) bemerkbar macht.

Dies veranschaulicht, dass die Bestimmung der Modellierungsstufen für die Korrekturgüte entscheidend ist. Die Verlagerung bei 1000 min^{-1} ist für die Richtungen Y und Z bei allen Belastungsstufen mit Ausnahme der Z-Verlagerung bei der Belastungsstufe 4 am geringsten (siehe Bild 5-8). Folglich kann das Modell dieser Stufe nicht die TCP-Verlagerung infolge einer Belastung auf der Drehzahlstufe 6000 min^{-1} berechnen, ohne einen beachtlichen Fehler zu verursachen.

Das schlechte Korrekturergebnis der 2, 3 oder 4 Drehzahlstufen (je nach Spektrum) im Vergleich zur Korrektur auf Basis einer Drehzahlstufe in Bild 5-23 hat seine Ursache nicht in der Anzahl der Modellierungsstufen, sondern in der ungünstigen Wahl der Modellierungsstufen.

Die Korrektur der Y-Verlagerung bei Spektrum 2 (Bild 5-23, links, weiße Quadrate) ist ein Beispiel für eine optimale Modellwahl. Das Korrekturergebnis ist nämlich unabhängig von der Modellreduktion. Diese Modellwahl gilt für die anderen Spektren allerdings nicht als optimal, da die Korrekturqualität im Allgemeinen mit der Modellreduktion abnimmt. Die Verwendung einer Drehzahlstufe liefert im Fall des Spektrums 2 in Y-Richtung um 9 % bessere Ergebnisse als die aufwendige Korrektur. Dieses Ergebnis kann nicht mit der ungünstigen Bestimmung der Modellierungsstufen plausibel erklärt werden, was die Vermutung zulässt, dass es sich um einen Ausreißer handelt.

Die beschriebene Untersuchung legt die Schwierigkeit bei der Festlegung geeigneter Modellierungsstufen dar und wirft die Frage auf, wie die für die Korrektur optimalen Modellierungsstufen ermittelt werden können. Folglich ist eine repräsentative Aussage zu einem reduzierten Modell nur auf Basis einer umfangreichen Untersuchung des thermoelastischen Maschinenverhaltens und einer umfassenden Korrekturanalyse möglich. Wurde dieser Aufwand einmalig betrieben und wurden geeignete Modellierungsstufen für eine wirkungsvolle Korrektur identifiziert, besteht Potential ähnlich gute Korrekturergebnisse mit einem auf den Maschinentyp abgestimmten, reduzierten Modell zu erzielen, das dann beispielsweise auf identische Maschinen eines Typs angewendet werden könnte. Dieses gilt es aber in weiteren Untersuchungen außerhalb dieser Arbeit zu verifizieren.

5.6 Korrektur mit Verzögerungsgliedersummen

Correction by using sums of time delay elements

Die Verlagerung des TCP in X-Richtung ist im Fall des untersuchten Bearbeitungszentrums sehr gering und wurde in Kapitel 5.4.4 nicht korrigiert. Messungen der TCP-Verlagerung zeigen jedoch einen oszillierenden Verlauf (siehe Bild 5-27). Es ist denkbar, dass es Werkzeugmaschinen gibt, dessen TCP-Verlagerungsverläufe oszillierend und gleichzeitig im Betrag stark ausgeprägt sind. Basierend auf den Forschungsarbeiten von Brecher [BREC04], wird im Folgenden ein Modellierungsansatz vorgestellt, mit dem sich oszillierende Verlagerungsverläufe modellieren lassen.

In Kapitel 5.4.4 wurde gezeigt, dass die Modellierung mit diskreten Verzögerungsgliedern dritter Ordnung die besten Korrekturergebnisse liefert. Dementsprechend wird an dieser Stelle mit PT3-Summen modelliert und korrigiert. Eine PT3+PT3-Übertragungsfunktion besteht aus zwei miteinander addierten PT3-Gliedern. Die Gleichung (5.22) in Kapitel 5.4.1 beschreibt ein zeitdiskretes PT3-Glied im Zeitbereich. Die Summe aus zwei PT3-Gliedern nach Gleichung (5.22) liefert eine Differenzengleichung mit zwei Verstärkungsfaktoren K_i und insgesamt sechs Zeitkonstanten T_i. Damit verdoppelt sich die Anzahl der zu bestimmenden Modellparameter auf insgesamt acht. Der aktuelle Verlagerungswert c_{n+3} ist abhängig von der aktuellen Spindelleistung u_{n+3}, zwei Verstärkungsfaktoren und sechs Zeitkonstanten sowie den vorherigen Verlagerungswerten c_{n+2}, c_{n+1} und c_n. Die Koeffizientenmatrix weist pro Drehzahlstufe die Größe 12 x 16 auf, da Belastungs- und Abkühlphase getrennt modelliert werden. Analog zur Koeffizientenbestimmung der einfachen Verzögerungsglieder in Kapitel 5.4.1 und 5.4.3 werden die Modellparameter der Verzögerungsgliedersummen mit der nichtlinearen Methode der kleinsten Fehlerquadrate bestimmt. Die Ergebnisse der Modellierung sind in Bild 5-27 bis Bild 5-29 am Beispiel des Modells bei 6000 min^{-1} und 8,1 kW (12,9 Nm) dargestellt. Um die Modellierungsgüte bewerten zu können, ist in der linken Hälfte der Bilder das Ergebnis der Modellierung mit einem PT3 ebenfalls am Beispiel des Modells bei 6000 min^{-1} und 8,1 kW (12,9 Nm) zu sehen.

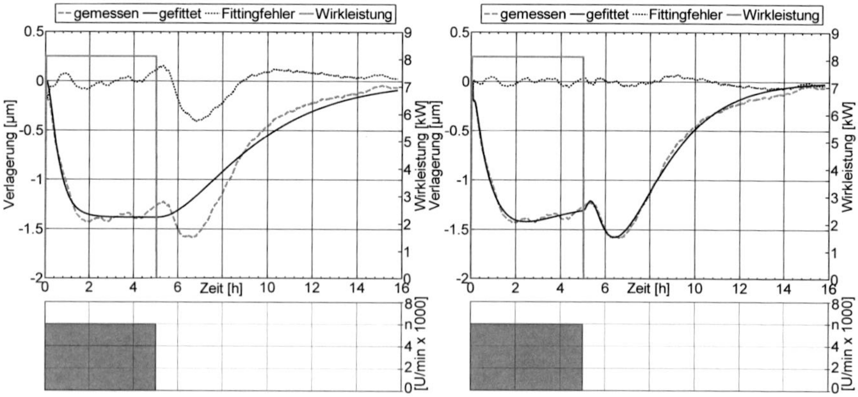

Bild 5-27: Modell der X-Verlagerung (PT3 links, PT3+PT3 rechts), 6000 min^{-1}, 8,1 kW

Model of the X-displacement (PT3 left, PT3+PT3 right), 6000 min^{-1}, 8.1 kW

Die in Bild 5-27 dargestellte X-Verlagerung wird mit dem PT3+PT3-Modell im Gegensatz zum Verzögerungsglied dritter Ordnung sehr genau beschrieben. Der resultierende Fittingfehler ist sehr gering. Auch die Verlagerungen in Y- und Z-Richtung in Bild 5-28 bzw. Bild 5-29 werden von dem PT3+PT3-Modell genauer abgebildet als von einem einfachen Verzögerungsglied dritter Ordnung. Der Fittingfehler bei einem

PT3-Glied liegt für die Y-Richtung zwischen -1 und 2 µm. Die Summe aus zwei PT3-Gliedern reduziert den Fittingfehler zu einem Bereich zwischen -1 und 1 µm.

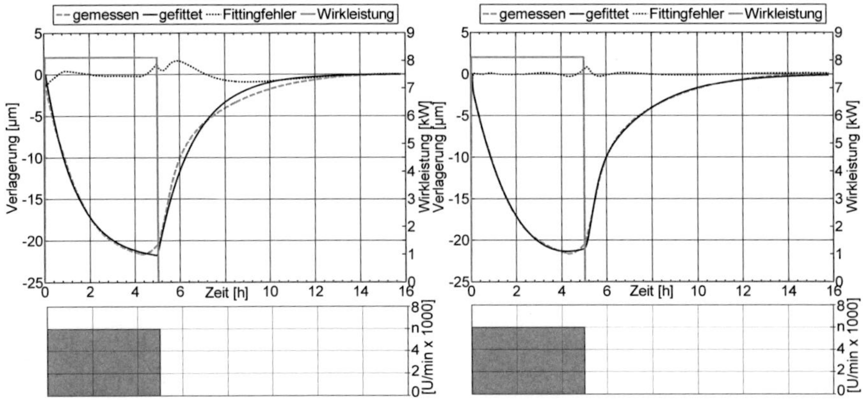

Bild 5-28 Modell der Y-Verlagerung (PT3 links, PT3+PT3 rechts), 6000 min^{-1}, 8,1 kW

Model of the Y-displacement (PT3 left, PT3+PT3 right), 6000 min^{-1}, 8.1 kW

Im Fall der Z-Verlagerung liegt der Fittingfehler bei einem PT3-Glied zwischen -4 und 1 µm. Die Verwendung eines PT3+PT3-Gliedes führt zu einem Fittingfehler zwischen -2 und 1 µm.

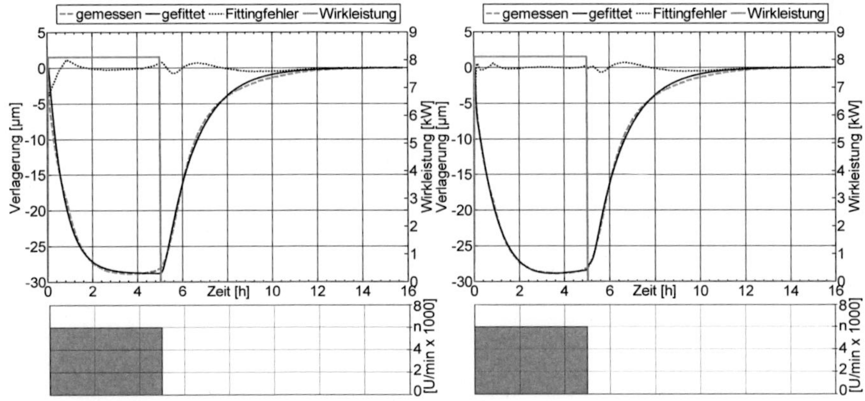

Bild 5-29 Modell der Z-Verlagerung (PT3 links, PT3+PT3 rechts), 6000 min^{-1}, 8,1 kW

Model of the Z-displacement (PT3 left, PT3+PT3 right), 6000 min^{-1}, 8.1 kW

Zusammenfassend lässt sich sagen, dass Verzögerungsgliedersummen oszillierende Verlagerungsverläufe sehr gut beschreiben können, da sie mehr Freiheitsgrade besitzen. Die Modellierungsergebnisse mit zwei summierten PT3-Gliedern sind besser als mit einem PT3-Glied.

Mit der Beurteilung der Modellierungsgüte lässt sich keine Aussage über die Allgemeingültigkeit der Korrekturmethode und ihre Qualität treffen. Parallel zum Vorgehen beim zeitdiskreten Verzögerungsglied dritter Ordnung in Kapitel 5.4.4 wird die Korrekturqualität der PT3+PT3-Modelle an vier Belastungsspektren erprobt. Für die Korrektur werden analog zu Kapitel 5.4.4 48 Modelle verwendet (6 Drehzahlstufen x 4 Belastungsstufen x 2 Phasen). Tabelle 5.5 fasst die Peak-to-Peak-Werte der Restverlagerung in Abhängigkeit vom Spektrum auf Basis von PT3+PT3-Modellen zusammen. Im Gegensatz zu den bisherigen Auswertungen sind in Tabelle 5.5 auch Peak-to-Peak-Werte der Restverlagerung in X-Richtung dargestellt. Ein Vergleich zu den Werten in Tabelle 5.3, der nur im Bezug auf die Y- und Z-Verlagerung möglich ist, zeigt, dass die Korrektur mit der PT3+PT3-Methode schlechtere Ergebnisse liefert als die Korrektur mit der PT3-Methode. Bei allen Spektren werden unter Verwendung von Modellen auf Basis von Verzögerungsgliedersummen höhere Peak-to-Peak-Amplituden der Restverlagerung beobachtet. Der Optimierungsgrad fällt für die Y-Richtung von 65 % auf 35 % in Spektrum 1. Eine ähnliche Größenordnung trifft auf Spektrum 2 zu: Die Optimierung fällt mit 36 % wesentlich schlechter aus als bei der Korrektur auf Basis von PT3-Modellen mit 64 %. Eine Ausnahme bildet das Spektrum 3: Hier bleibt der Optimierungsgrad mit 60 % konstant. Bei Spektrum 4 wird wieder eine Verschlechterung von 70 % auf 48 % verzeichnet.

Tabelle 5.5: Peak-to-Peak-Werte der Restverlagerung in Abhängigkeit vom Spektrum auf Basis von PT3+PT3-Modellen (alle Werte in µm) und der Optimierungsgrad in %, T≈konst.

Peak-to-peak values of the residual error subjected to the spectrum based on PT+PT3 models (all values in µm) and the grade of optimization in %, T≈const.

	Spektrum 1	Opt. [%]	Spektrum 2	Opt. [%]	Spektrum 3	Opt. [%]	Spektrum 4	Opt. [%]
X_{max}	3	22	4,5	-46	7,5	-15	11	-73
X_{min}	-0,5		-3,5		0		-2	
Y_{max}	7	35	6	36	3	60	7	48
Y_{min}	-6		-8		-7		-7	
Z_{max}	8	77	10	44	10	63	7	61
Z_{min}	-4		-15		-5		-12	

In Z-Richtung ist an den Peak-to-Peak-Werten der Restverlagerung ebenfalls eine signifikante Verschlechterung zu erkennen: Bei Spektrum 1 fällt der Optimierungsgrad von 83 % auf 77 %. Im Fall des Spektrums 2 tritt eine besonders hohe Peak-to-Peak-Amplitude der Restverlagerung von 25 µm auf, was nur einer Optimierung von 44 % entspricht. Bei den Spektren 3 und 4 ist das Korrekturergebnis mit 63 % bzw. 61 % nicht wesentlich schlechter als bei der Verwendung von PT3-Modellen mit 70 % bzw. 76 %.

Die Korrektur der TCP-Verlagerung in X-Richtung liefert insgesamt schlechtere Ergebnisse. Die simulierten Verlagerungswerte stimmen lediglich in Ausnahmen mit den gemessenen Werten überein. Nur im Fall des Spektrums 1 wird die Verlagerung reduziert. Bei den drei anderen Spektren treten zum ersten Mal negative Optimierungsgrade auf. Ein negativer Wert bedeutet, dass der Einsatz der Korrekturmethode den Verlagerungsbetrag erhöht. Bei Spektrum 2 steigt die Verlagerung um ca. 2 µm an. Im Fall des Spektrums 3 ist es eine Verschlechterung um 1 µm, im Fall des Spektrums 4 5 µm. In Bild 5-30 und Bild 5-31 ist das Korrekturergebnis für die X- bzw. die Y- und Z-Richtung auf Basis der Modellierung mit PT3+PT3-Gliedern am Beispiel des Spektrums 1 zu sehen, dessen Korrekturergebnis von den vier Spektren am besten ist. Bild 5-30 zeigt, dass die TCP-Verlagerung in X-Richtung sehr gering ist und nur in einem Bereich zwischen 3,5 und -1 µm liegt. Damit liegt sie im Bereich der Unsicherheit der Korrekturmethode.

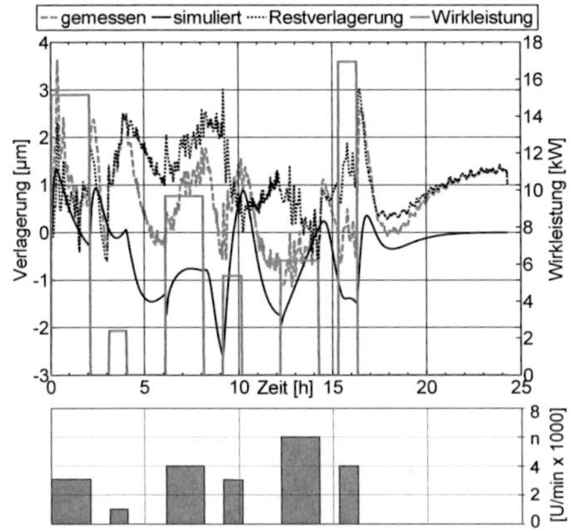

Bild 5-30: Korrektur mit PT3+PT3-Gliedern für die X-Richtung, Spektrum 1, T≈konst.

Correction with PT3+PT3 elements for the X-direction, spectrum 1, T≈const.

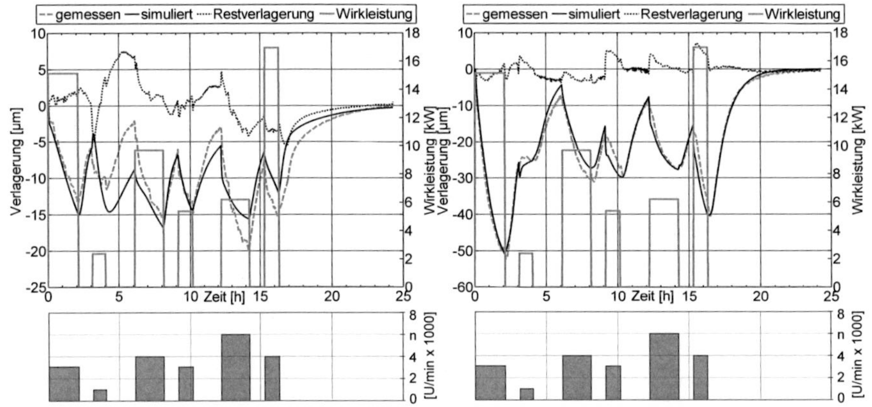

Bild 5-31: Korrektur mit PT3+PT3-Gliedern für die Y- (links) und Z-Richtung (rechts), Spektrum 1, T≈konst.

Correction with PT3+PT3 elements for the Y- (left) and Z-direction (right), spectrum 1, T≈const.

Für die Richtungen Y und Z in Bild 5-31 werden akzeptable Korrekturergebnisse erzielt, die allerdings schlechter als im Fall der Korrektur mit PT3-Gliedern sind.

Zusammenfassend kann festgestellt werden, dass die Korrekturergebnisse trotz des sehr guten Modellierungsergebnisses (Bild 5-27 bis Bild 5-29 jeweils rechts) in keine Richtung zufriedenstellend sind.

Trotz der schlechteren Korrekturergebnisse als im Fall des PT3 wird im nächsten Kapitel die Korrekturqualität der Verzögerungsgliedersumme PT3+PT3 in Abhängigkeit von der Modellreduktion untersucht.

5.6.1 Reduzierung des Versuchs- und Modellierungsaufwandes am Beispiel von PT3+PT3

Reduction of the experimental and modeling effort using the example of PT3+PT3

Die Reduzierung des Versuchs- und Modellierungsaufwandes am Beispiel von PT3+PT3 erfolgt unter den gleichen Randbedingungen wie im Fall des PT3 (siehe Kapitel 5.5). Aufgrund der sehr schlechten Korrekturergebnisse in X-Richtung (Bild 5-30) werden lediglich die Richtungen Y und Z betrachtet. In Bild 5-32 ist die Optimierung in Abhängigkeit von der Anzahl der Drehzahlstufen zu sehen. Auf die Darstellung der Peak-to-Peak-Werte wird verzichtet.

Die Ergebnisse der Modellreduktion am Beispiel der Verzögerungsgliedersumme PT3+PT3 untermauern die Beobachtungen in Kapitel 5.5.

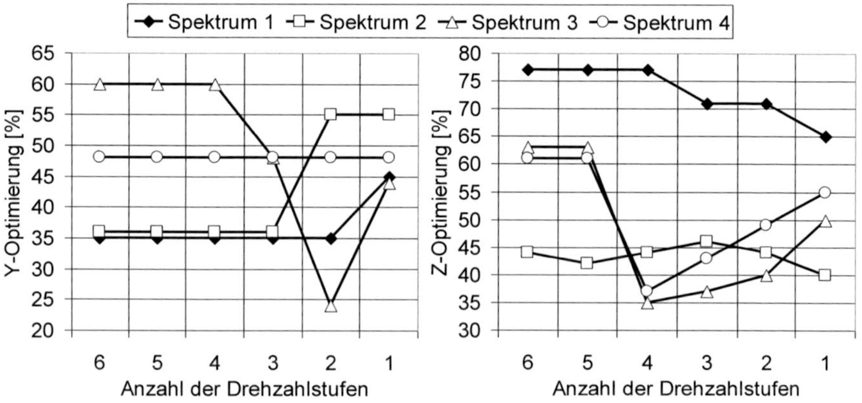

Bild 5-32: Optimierung in Abhängigkeit von der Anzahl der Drehzahlstufen (PT3+PT3)

Optimization depending on the number of speed levels (PT3+PT3)

Die Korrekturqualität sinkt nicht zwangsläufig mit abnehmender Anzahl von Drehzahlstufen. Im Fall des Spektrums 1 tritt für die Z-Richtung eine monoton fallende Optimierung auf, was eine Ausnahme darstellt. Die untersuchten Spektren weisen vorwiegend in Z-Richtung folgendes Verhalten auf: Die Korrekturqualität ist zu Beginn konstant, fällt anschließend mit sinkender Anzahl von Drehzahlstufen ab und steigt mit weiterer Drehzahlstufenreduktion an. Es wird davon ausgegangen, dass die schlechten Korrekturergebnisse bei der Verwendung von 4, 3 oder 2 Drehzahlstufen (je nach TCP-Richtung und Spektrum) ihre Ursache in einer ungünstigen Modellwahl haben.

In Y-Richtung tritt bei den Spektren 1, 2 und 4 eine Unabhängigkeit der Korrekturqualität von der Drehzahlstufenanzahl auf, was auf eine optimale Modellwahl zurückgeführt werden kann, analog zum Verhalten des PT3 in Kapitel 5.5. Bei Spektrum 1 und 2 ist das Korrekturergebnis mit einer bzw. zwei Drehzahlstufen besser als auf Basis einer aufwendigen Modellierung. Wie schon bei der PT3-Modellreduktion, kann dieser Effekt nicht plausibel begründet werden, da die Korrektur auf Basis einer Drehzahlstufe nicht besser sein kann als bei der Verwendung von allen sechs Drehzahlstufen. Die unerwartet guten Korrekturergebnisse der oben genannten Drehzahlstufen werden als Ausreißer bewertet. In Z-Richtung tritt ein Ausreißer im Fall von Spektrum 2 bei 3 Drehzahlstufen auf.

Die in Kapitel 5 präsentierten Untersuchungsergebnisse lassen sich wie folgt zusammenfassen: Sowohl im Fall der Y- als auch der Z-Richtung ist die Verlagerung durch die Drehmomentbelastung wesentlich höher als durch die lastfreie Spindeldrehung. In X-Richtung ergibt sich aufgrund der nahezu thermosymmetrischen Bauweise des untersuchten Bearbeitungszentrums in X-Richtung keine Signifikanz in den Verlagerungen. Zusammenfassend lässt sich sagen, dass trotz des guten Modellierungsergebnisses des PT2 in Kapitel 5.4.3 das PT3 für den betrachteten Fall die besten Korrekturergebnisse liefert. Der vorgestellte Ansatz ermöglicht auch bei stark schwankenden Drehzahlen und Drehmomentbelastungen der Hauptspindel eine signifikante Optimierung des thermoelastischen Verhaltens. Die Ursache für das Auftreten der geringen Diskrepanzen zwischen gemessenen und gefitteten Verlagerungen, auch wenn sie im Vergleich zu der gemessenen maximalen TCP-Verlagerung als vernachlässigbar betrachtet werden können, konnte allerdings nicht ermittelt werden. Die Analyse der Verstärkungsfaktoren K_i und der Zeitkonstanten T_i in Abhängigkeit von den Betriebspunkten zeigt, dass eine Interpolation der Verstärkungsfaktoren K_i und der Zeitkonstanten T_i zwischen den einzelnen Drehmomentstufen zur Ermittlung von Belastungsmodellen grundsätzlich möglich ist. Sie bedarf allerdings weiterer Untersuchungen außerhalb dieser Arbeit. Eine repräsentative Aussage zu einem reduzierten Modell ist nur auf Basis einer umfangreichen Untersuchung des thermoelastischen Maschinenverhaltens und einer umfassenden Korrekturanalyse möglich. Die Korrektur mit Verzögerungsgliedersummen zeigt im Fall des untersuchten Bearbeitungszentrums keine zufriedenstellenden Ergebnisse.

Im nächsten Kapitel wird eine Methode zur Korrektur umgebungstemperaturabhängiger TCP-Verlagerungen auf Basis von künstlichen neuronalen Netzen aufgezeigt und erprobt.

6 Korrektur umgebungstemperaturabhängiger Maschinenverformungen

Correction of the environmental temperature dependent machine tool deformations

Wie in der Einleitung dieser Arbeit erläutert, wird das thermische Verhalten von Werkzeugmaschinen durch eine Vielzahl unterschiedlicher Einflüsse bestimmt. Diese lassen sich in zwei Hauptgruppen unterteilen: äußere und innere Einflüsse [WECK01]. Zu den äußeren gehören das Hallenklima im Zusammenspiel mit den Jahreszeiten, den Tag-Nacht-Schwankungen der Umgebungstemperatur und der Sonneneinstrahlung, benachbarte Wärmequellen in Form von Hallenheizungen, Schweißereien und anderen Produktionsanlagen, benachbarte Wärmesenken in Form von Fundamenten, während der Winterzeit geöffneten Hallentoren und Fenstern.

In diesem Kapitel wird eine Methode abgeleitet und validiert, mit der die äußeren Einflüsse auf die Bearbeitungsgenauigkeit einer Fräsmaschine korrigiert werden. Die Korrektur umgebungstemperaturbedingter Einflüsse ist erforderlich, da die in Kapitel 5 aufgezeigte und erfolgreich erprobte Korrekturmethode mit Steuerungsdaten arbeitet und somit den Einfluss der Umgebung auf die Bearbeitungsgenauigkeit einer Werkzeugmaschine nicht berücksichtigen kann. Dieser muss dementsprechend von der Korrektur spindellastabhängiger TCP-Verlagerungen getrennt betrachtet werden. Die Aufgabe der in diesem Kapitel angestrebten Korrektur ist es, auf Basis von Lufttemperaturmessungen im unmittelbaren Umfeld der Werkzeugmaschine den Einfluss der Umgebung auf ein Minimum zu reduzieren. Zur Korrektur werden keine Strukturtemperaturen herangezogen, weil sie dem Einfluss der Spindelbelastung unterliegen. Im Fokus der Arbeit liegt eine Korrekturmethode mit einer für die Anwendung vertretbaren Anzahl von Temperatursensoren.

Analog zu Kapitel 5 wird vor der Modellierung und der Korrektur umgebungstemperaturabhängiger Werkzeugmaschinenverformungen eine messtechnische Analyse des thermoelastischen Verhaltens durchgeführt. Der Forschungsgegenstand ist das gleiche 3-Achs-CNC-Vertikal-Bearbeitungszentrum wie in Kapitel 5 (Bild 5-7). Da die thermisch bedingte Strukturverformung einer Werkzeugmaschine immer an einen konkreten Lastfall und eine definierte Arbeitsraumposition gebunden ist [GROß06d], wird das umgebungstemperaturabhängige Maschinenverhalten für eine Position des TCP im Arbeitsraum der Werkzeugmaschine modelliert: X=-540,800 mm, Y=502,500 mm und Z=-326,065 mm. Diese weicht geringfügig von der Position ab, in der das spindellastabhängige thermoelastische Verhalten unter annähernd konstanten Umgebungstemperaturbedingungen ($\Delta T = \pm 0{,}5$ °C) modelliert wurde (siehe Kapitel 5.2), was allerdings keinen nennenswerten Einfluss hat. Die geringfügige Abweichung wurde durch den Wechsel des Aufstellortes der Maschine und den damit verbundenen neuen Messtechnikaufbau verursacht.

6.1 Umgebungstemperaturabhängiges Maschinenverhalten

Environmental temperature dependent machine tool behavior

Maßgeblich für ein gutes Korrekturergebnis ist auch die korrekte Berücksichtigung von Umgebungseinflüssen auf das thermische Verformungsverhalten der Maschine. Hierbei spielt insbesondere der Messaufbau zur Erfassung der Umgebungsbedingungen eine besondere Rolle.

In umfangreichen Versuchen wird daher untersucht, in welchem Abstand von der Maschinenstruktur und mit wie vielen Sensoren Temperaturmessungen durchgeführt werden müssen, um den Einfluss der Umgebung, getrennt von den inneren Wärmequellen der Maschine, korrigieren zu können. Bei Temperatursensoren, die „zu weit“ von der Maschinenstruktur entfernt sind, stehen Veränderungen der Umgebung nicht mehr zwingend im Zusammenhang mit Auswirkungen auf die Maschine. Bei Temperatursensoren, die „zu nah“ an der Maschine sind, überlagern innere Wärmequellen den Effekt der Temperatureinflüsse aus der Maschinenumgebung.

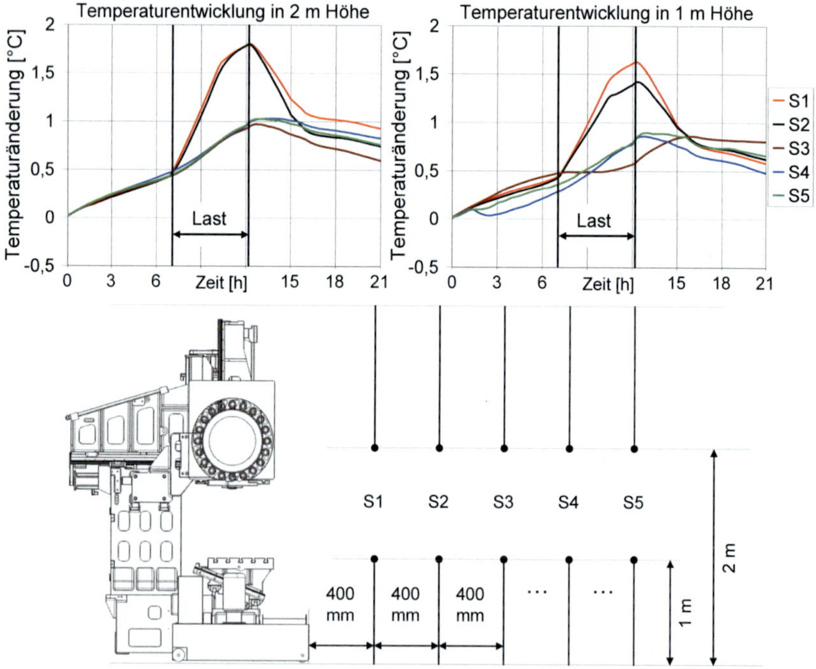

Bild 6-1: Lufttemperatur in Abhängigkeit vom Abstand zur Fräsmaschine
Air temperature depending on the distance to the milling machine

In Bild 6-1 ist die Lufttemperatur in Abhängigkeit vom Abstand zur Fräsmaschine dargestellt. Diese Messung dient der Bestimmung des minimalen Abstandes der Temperatursensoren zur Werkzeugmaschine. Die Temperatursensoren sind in einer

Linie zur Fräsmaschine angeordnet und ihr Abstand steigt mit ihrer Nummer um weitere 400 mm an, angefangen bei Temperatursensor 1 mit dem Grundabstand 400 mm. Die Messung wurde in einer Höhe von einem Meter und zwei Metern durchgeführt. Während der Messung wurde die Hauptspindel der Fräsmaschine mit Hilfe der in Kapitel 5.1 beschriebenen Belastungseinheit mit 4000 min^{-1} und 16,9 kW (40,3 Nm) für fünf Stunden belastet. Die daraus resultierende Wärme wird zum Teil an die Umgebung abgegeben. Die ersten beiden Temperatursensoren S1 und S2 in einem und zwei Metern Höhe verzeichnen einen Temperaturanstieg während der Spindelbelastung und einen Temperaturabfall unmittelbar nach der Belastung. In zwei Metern Höhe ist ein etwas stärkerer Temperaturanstieg zu erkennen. Dies liegt daran, dass warme Luft eine geringere Dichte hat als kalte und aufsteigt. Eine Korrektur mit den Temperatursensoren S1 und S2 würde nicht zu sinnvollen Ergebnissen führen, da beide Sensoren im Einflussbereich der inneren Wärmequellen sind.

Die Temperatursensoren S3, S4 und S5 erfassen ein ähnliches Temperaturverhalten. Im Vergleich zu den Sensoren S1 und S2 ist in ihren Temperaturverläufen nur ein geringer Einfluss der Maschine zu erkennen. Eine Anordnung des Umgebungstemperatursensors ca. 1200 mm außerhalb der Maschine wird daher als geeignet angesehen und für die weiteren Untersuchungen verwendet.

In einer Maschinenhalle treten vertikale und horizontale Temperaturgradienten auf [WIEL74], [WECK86], [WECK01], [BREC10]. Die Größe der zu modellierenden Fräsmaschine (BxTxH: 4175 x 2445 x 2929 mm^3) lässt vermuten, dass die Messung der Lufttemperatur mit einem einzigen Sensor nur für die lokale Temperatur repräsentativ ist und dass eine umgebungstemperaturabhängige Korrektur der TCP-Verlagerung nur mit mehreren Temperatursensoren möglich ist. Im ersten Schritt werden im Umfeld des zu modellierenden Bearbeitungszentrums 20 Temperatursensoren im Abstand von ca. 1200 mm angebracht. Das Einhalten von exakt 1200 mm ist an den meisten Stellen nicht möglich, da sich im Umfeld der Werkzeugmaschine andere Maschinen, Werkzeugschränke, Prüfstände und andere Gegenstände befinden. Bild 6-2 stellt die Anordnung der Temperatursensoren im Umfeld des Bearbeitungszentrums in Draufsicht dar. Das V (erster Buchstabe) steht für die Vorderseite der Werkzeugmaschine, das R (ebenfalls erster Buchstabe) für die Rückseite. Der jeweils zweite Buchstabe steht für die Höhe des Sensors. Ein O steht für die obere Position (2 m) und das U für die untere (1 m). Von den in zwei Metern Höhe angebrachten Temperatursensoren sind vier mit zwei Buchstaben ohne Ziffern gekennzeichnet. Der erste ist ein Z und steht für die zentrale Position. Der zweite/dritte Buchstabe bezeichnet jeweils die Seite: linke Seite (LI), rechte Seite (RE), Vorderseite (V) und Rückseite (R) des Bearbeitungszentrums. An der Vorderseite der Werkzeugmaschine befinden sich die Tür und die CNC-Tafel.

Die aus der Umgebungstemperaturschwankung resultierende TCP-Verlagerung wird mit drei induktiven Messtastern in der Arbeitsraumposition X=-540,800 mm, Y=502,500 mm und Z=-326,065 mm gemessen. Es sind die gleichen Sensoren wie bei der Untersuchung und Modellierung des spindellastabhängigen Maschinenverhaltens. Der zylindrische Messdorn und die Messvorrichtung zur Erfassung der TCP-

Verlagerungen, vorgestellt in Kapitel 5.2 (vgl. Bild 5-6), werden ebenfalls wieder verwendet.

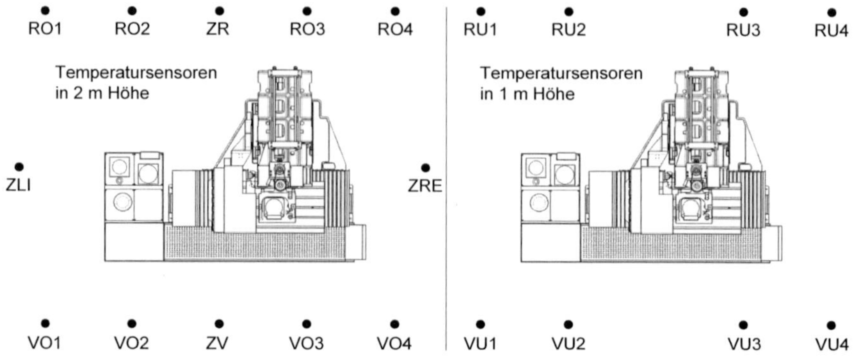

Bild 6-2: Anordnung von Temperatursensoren im Umfeld des Bearbeitungszentrums
Set-up of the temperature sensors in the surround of the machining center

Mit der in Bild 6-2 dargestellten Anordnung von Temperatursensoren im Umfeld des Bearbeitungszentrums und der Messvorrichtung zur Erfassung der TCP-Verlagerungen werden mehrere Langzeitmessungen in der Maschinenhalle durchgeführt. Dabei wird die Umgebungstemperatur auf zwei Arten variiert. Einerseits werden die Temperatursollwerte der Klimaanlage geändert, andererseits werden Türen, Fenster und das Hallentor geöffnet und geschlossen.

Wesentliche Erkenntnis aus diesen Untersuchungen ist, dass direkte Sonneneinstrahlung unbedingt zu vermeiden ist. Temperatursensoren, die von den Sonnenstrahlen erwärmt werden, zeigen eine erhöhte Temperatur, obwohl sie in keinem kausalen Zusammenhang mit der TCP-Verlagerung stehen, weil die Werkzeugmaschine womöglich im Schatten steht. Der umgekehrte Fall ist ebenfalls zu vermeiden. Eine Werkzeugmaschinenstruktur, die von der Sonne bestrahlt wird, erwärmt sich und es kommt zu einer TCP-Verlagerung. Temperatursensoren, die sich in der Zeit im Schatten befinden, verzeichnen allerdings keinen Temperaturanstieg. Die Folge ist, dass kein kausaler Zusammenhang zwischen beiden Signalen ermittelt werden kann. Aufgrund der Messergebnisse wird die Beispielmaschine einschließlich der Temperatursensoren an einem Ort ohne direkte Sonneneinstrahlung aufgestellt, was allgemein für die Aufstellung von Werkzeugmaschinen empfohlen wird.

Das Ergebnis der durchgeführten Verlagerungsmessung in Abhängigkeit von den Umgebungstemperaturschwankungen ist in Bild 6-3 für die TCP-Richtungen X, Y und Z dargestellt. Die dargestellten Temperatur- und Verlagerungsverläufe sind mit einem gleitenden Mittelwert von fünf Messwerten geglättet. Da das Diagramm lediglich einer qualitativen Beurteilung des umgebungstemperaturbedingten, thermoelastischen Verhaltens dient, wird auf eine Temperaturlegende verzichtet.

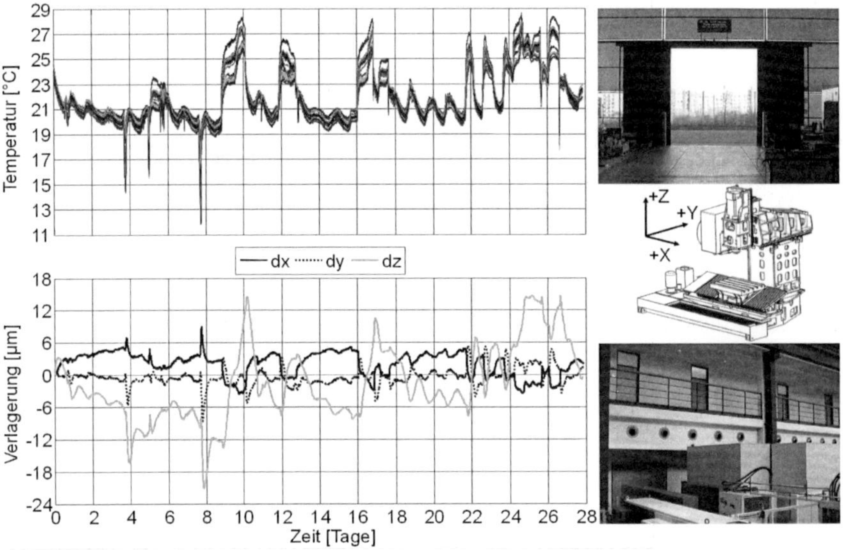

Bild 6-3: TCP-Verlagerung in Abhängigkeit von der Umgebungstemperatur
TCP displacement depending on the environmental temperature

Die Temperaturpeaks am 3., 5., 7. und 26. Tag sind starke Temperaturabfälle, die durch das gleichzeitige Öffnen des Hallentores, der Oberlichter und der Türen verursacht wurden. Die Temperaturanstiege wurden mit Hilfe der Klimaanlage erzielt.

Es ist eine eindeutige richtungsgebundene Abhängigkeit zwischen den Umgebungstemperaturen und der TCP-Verlagerung zu erkennen. Während bei fallender Umgebungstemperatur eine TCP-Verlagerung in die negative Y- und Z-Richtung auftritt, verlagert sich der TCP in die positive X-Richtung. Innerhalb der 28 Messtage schwankt die Umgebungstemperatur zwischen durchschnittlichen 13 °C und 27 °C und ist ortsabhängig. Die TCP-Verlagerung schwankt dementsprechend für die X-Richtung zwischen -3 µm und 9 µm, für die Y-Richtung zwischen -9 µm und 6 µm und für die Z-Richtung zwischen -21 µm und 15 µm. Eine über einen längeren Zeitraum leicht schwankende Temperatur, wie zwischen dem 14. und dem 16. Tag (Temperaturschwankung zwischen ca. 19 °C und 21 °C), führt zu einer leichten Schwankung der Verlagerung in allen drei Richtungen. Je nach Temperaturniveau stellt sich für jede Richtung ein richtungsabhängiges Verlagerungsniveau ein. Am 9. Tag tritt ein starker Temperaturanstieg von ca. 19,5 °C auf 27 °C auf. Dieser führt zu einer starken Verlagerung in Z-Richtung von -12 µm auf 9 µm. In X- und Y-Richtung findet keine nennenswerte Beeinflussung statt.

Die Verlagerung des TCP in die positive Richtung bedeutet, dass sich die Werkzeugspitze vom Maschinentisch entfernt (siehe Maschinenabbildung in Bild 6-3). Die Ursache dafür liegt in der thermisch bedingten Ausdehnung des Maschinenständers, des Y- und des X-Schlittens. Zusammenfassend kann festgestellt werden, dass der

Anstieg der Umgebungstemperatur und die Spindelbelastung zwei zueinander konträre Effekte hervorrufen. Durch die Spindelbelastung bewegt sich der TCP in die negative, durch den Umgebungstemperaturanstieg in die positive Z-Richtung.

Die Ergebnisse der durchgeführten Langzeitmessungen zeigen die hohe Komplexität des thermoelastischen Maschinenverhaltens infolge des Umgebungstemperatureinflusses. Obwohl ein eindeutiger Zusammenhang herausgestellt werden konnte, stoßen die bisherigen Modellierungsansätze hier an ihre Grenzen, weshalb im Folgenden eine mögliche Korrektur mit Hilfe von künstlichen neuronalen Netzen untersucht wird.

6.2 Erstellung eines künstlichen neuronalen Netzes

Creation of an artificial neural network

Im Rahmen dieser Arbeit wurden drei Architekturen künstlicher neuronaler Netze (KNN) hinsichtlich ihrer Eignung für die Korrektur des umgebungstemperaturbedingten thermoelastischen Maschinenverhaltens untersucht:

- statische feedforward Netze
- dynamische schicht-rekurrente Netze
- radiale-Basisfunktionen-Netze (RBF-Netze)

Der Vergleich der Korrekturqualität und der Trainingsdauer zwischen den drei Netzarchitekturen bestätigt die Eignung der RBF-Netze für die Korrektur umgebungstemperaturabhängiger Maschinenverformungen. RBF-Netze liefern besonders bei großen Datensätzen gute Ergebnisse [DEMU07].

Radiale-Basisfunktionen-Netze sind vorwärtsgerichtete neuronale Netze, die nur eine Schicht verdeckter Neuronen besitzen. Ihre Neuronen haben radialsymmetrische Aktivierungsfunktionen. Diese sind mathematisch gesehen die Basisfunktionen eines Funktionensystems zur Approximation von mehrdimensionalen Funktionen anhand von Werten der Stützstellen. Die Stützstellen sind im einfachsten Fall durch die Trainingsmuster (in diesem Fall gemessene Temperaturen und Verlagerungen) des Netzes vorgegeben. Nach [ZELL96] haben RBF-Netze gegenüber anderen Netzmodellen zwei Vorteile:

- Die Aktivierungsfunktion der Neuronen liefert nur dann große Werte, wenn sich das Eingabemuster in der Nähe einer Stützstelle befindet. Für Testmuster außerhalb des Bereichs, der durch die Trainingsmuster abgedeckt wird, liefert das Netz nur geringe Aktivierungen. Dies steht im Gegensatz zu Netzen mit sigmoiden Aktivierungsfunktionen, die für Testmuster außerhalb des trainierten Bereichs unvorhersagbare Ausgaben liefern können.
- Die einfache Struktur der RBF-Netze mit nur einer verdeckten Schicht Neuronen erlaubt eine direkte (nichtiterative) Berechnung der Gewichte des Netzwerks. Dies steht im Gegensatz zu den meist langwierigen iterativen Trainingsverfahren anderer Netzwerktypen. Es ist auch möglich, RBF-Netze mit der direkten Gewichtsbe-

rechnung zu initialisieren und mit Verfahren wie Backpropagation nachzutrainieren.

Im Folgenden wird auf die Struktur und die mathematischen Grundlagen eines RBF-Netzes sowie das Vorgehen bei der Approximation eingegangen. Auf die Beschreibung der Funktionsweise und des Aufbaus der übrigen Netzarchitekturen wird an dieser Stelle verzichtet, da sie der Fachliteratur [ZELL96], [ZAKH98], [TAWI99], [HAMI93] entnommen werden kann.

RBF-Netze bestehen aus einer Eingabeschicht, einer verdeckten Schicht und einer Ausgabeschicht (Bild 6-4, links) und werden durch die Gleichung (6.1) [DEMU07] beschrieben.

$$y = \sum_{i=1}^{m} (lw_i \cdot a_i) \tag{6.1}$$

In Gleichung (6.1) ist y der Ausgabewert des Netzes (in diesem Fall der Verlagerungswert), m die Anzahl der Neuronen (Anzahl der radialen Basisfunktionen) in der verdeckten Schicht, lw_i die Gewichtung des i-ten Neurons und a_i das i-te Neuron in der verdeckten Schicht [DEMU07].

Die verdeckte Schicht besteht aus einer Anzahl von Neuronen a_i, die durch die Gleichung (6.2) definiert sind:

$$a_i = radbas(\|\mathbf{p} - \mathbf{c}_i\| b) \tag{6.2}$$

mit

$$radbas(n) = e^{-n^2} \tag{6.3}$$

radbas ist eine radialsymmetrische Basisfunktion, die in diesem Fall eine Gaußfunktion ist. Der dazugehörige Graph ist in Bild 6-4 zu sehen. $\boldsymbol{p}$ ist der Eingangsvektor (gemessene Temperaturen), $\boldsymbol{c}_i$ der Vektor mit den Zentren der Gaußfunktionen und b der skalare Bias, der durch den Radius r der Gaußfunktionen bestimmt ist (siehe Gleichung (6.4)).

Der Bias b wird verwendet, um den Abstand der Temperaturwerte mit dem Radius r der radialen Basisfunktion zu skalieren. Der Radius einer radialen Basisfunktion ist definiert als der Wert, bei dem der Funktionswert der *radbas*-Funktion 0,5 ist (vgl. Bild 6-4).

Die Parameter eines RBF-Netzes, die während der Modellierung variiert werden können, sind die Anzahl der Neuronen in der verdeckten Schicht a_i, deren Radius r, die Zentren c_{ij} und die Gewichtung lw_i.

Die Erstellung der künstlichen neuronalen Netze im Rahmen dieser Arbeit erfolgt mit der Neural Network Toolbox in Matlab. Für das Erstellen der Netze wird die in Bild 6-3 dargestellte Messung verwendet, die mit einem gleitenden Mittelwert von fünf Messwerten geglättet ist.

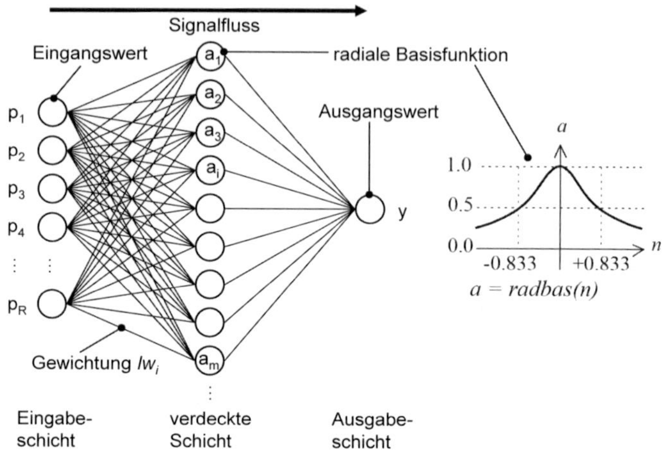

Bild 6-4: RBF-Netzstruktur (links) und die radiale Basisfunktion nach [DEMU07]

RBF net structure and the radial basis function by [DEMU07]

$$b = \frac{\sqrt{-\ln(0{,}5)}}{r} \tag{6.4}$$

Der Ermittlung der optimalen Netzstruktur liegt für jede TCP-Richtung das gleiche Vorgehen zugrunde. Es werden lediglich die Anzahl der Basisfunktionen a_i, (Anzahl der Neuronen in der verdeckten Schicht) und der Radius r der Gaußfunktionen variiert. Dabei wird iterativ vorgegangen. Sowohl die Anzahl der Neuronen als auch der Radius der Gaußfunktionen liegt in einem Bereich zwischen 1 und 20 (dimensionslose Größen). Der Grund für die Wahl dieser Werte liegt in der noch akzeptablen Erstellungsdauer des KNN.

Im ersten Iterationsschritt wird mit einem Neuron und dem Radiuswert von 1 approximiert. Die Anzahl der Zentren c_{ij} ist durch die Anzahl der radialen Basisfunktionen in der verdeckten Schicht bestimmt. Für die Zentren c_{ij} der Gaußfunktionen werden vom Matlab-Algorithmus die Stützstellen gewählt, in denen der resultierende MSE-Wert (mittlere quadratische Abweichung, engl.: mean square error) in jedem Iterationsschritt am geringsten ist [DEMU07]. Die Software bestimmt für die erste Einstellung (im ersten Iterationsschritt) mit der Methode der kleinsten Fehlerquadrate die optimale Gewichtung lw_i. Daraufhin wird die mittlere quadratische Abweichung für den Modellierungs- und den Validierungsdatensatz berechnet.

Im zweiten Iterationsschritt bleibt die Anzahl der Neuronen bei 1, allerdings wird der Radius um 1 erhöht. Es wird die optimale Gewichtung bestimmt und die mittlere quadratische Abweichung (MSE-Wert) für die beiden Datensätze berechnet. Hat der Radius den Wert 20 erreicht, so wird die Anzahl der Neuronen auf 2 erhöht. Bei den anschließenden Iterationsschritten durchläuft der Radius erneut die Werte 1 bis 20.

Das Ergebnis der Iterationsschleifen ist eine 20x20-Matrix mit MSE-Werten in Abhängigkeit von der Anzahl der Neuronen in der verdeckten Schicht und vom Radius der Gaußkurven. Je mehr Neuronen in der verdeckten Schicht vorhanden sind, desto größer ist die Abdeckung des Eingangsraumes, da mehr Gaußkurven zur Approximation des vorliegenden Problems verwendet werden.

An den Temperaturpeaks in Bild 6-3 ist eine zeitverzögerte Reaktion der Werkzeugmaschine auf Temperaturschwankungen (in dem Fall starke Temperaturabfälle) zu erkennen. Der Beharrungszustand der Verlagerung wird dabei später als der Beharrungszustand der Temperatur erreicht. In Bild 6-5 wird die Verzögerung von Verlagerung und Temperatur exemplarisch dargestellt.

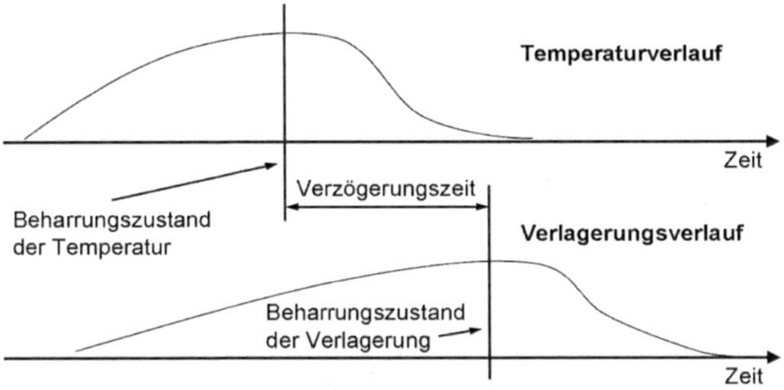

Bild 6-5: Verzögerungszeit zwischen Temperatur und Verlagerung
Delay between temperature and displacement

Die verzögerte Reaktion der Maschinenstruktur auf Änderungen der Umgebungstemperatur wird mit drei weiteren Messungen untersucht, deren Ergebnisse in Bild 6-6 zu sehen sind. Bild 6-6 zeigt die Zeitverzögerung vergrößert für die Richtungen X, Y und Z, wobei drei Maschinenreaktionen (M1, M2 und M3) dargestellt sind. Die Zeitverzögerung ist nicht nur abhängig von der Richtung. Die Temperatur scheint ebenfalls einen Einfluss auf die Verzögerung zu haben. Eine genaue Bestimmung der Verzögerungszeit erweist sich als schwierig, weil der Moment, in dem Beharrungszustände erreicht werden, nicht exakt ermittelt werden kann.

Im Fall der X-Richtung wird die Verzögerungszeit Δt_X auf 10 Minuten in Messung M1 und M2 geschätzt. In Messung M3 sind es ca. 18 Minuten.

Die umgebungstemperaturbedingte Verlagerung des TCP in Y-Richtung weist eine höhere Verzögerung Δt_Y auf. In Messung M1 werden 62 Minuten geschätzt. In den Messungen M2 und M3 sind es ca. 60 bzw. 85 Minuten, die erforderlich sind, um einen Beharrungszustand der Verlagerung zu erreichen.

Die höchste Verzögerungszeit tritt in Z-Richtung auf (Δt_Z). In Messung M1 werden 120 Minuten ermittelt, in Messung M2 155 Minuten und in Messung M3 164 Minuten.

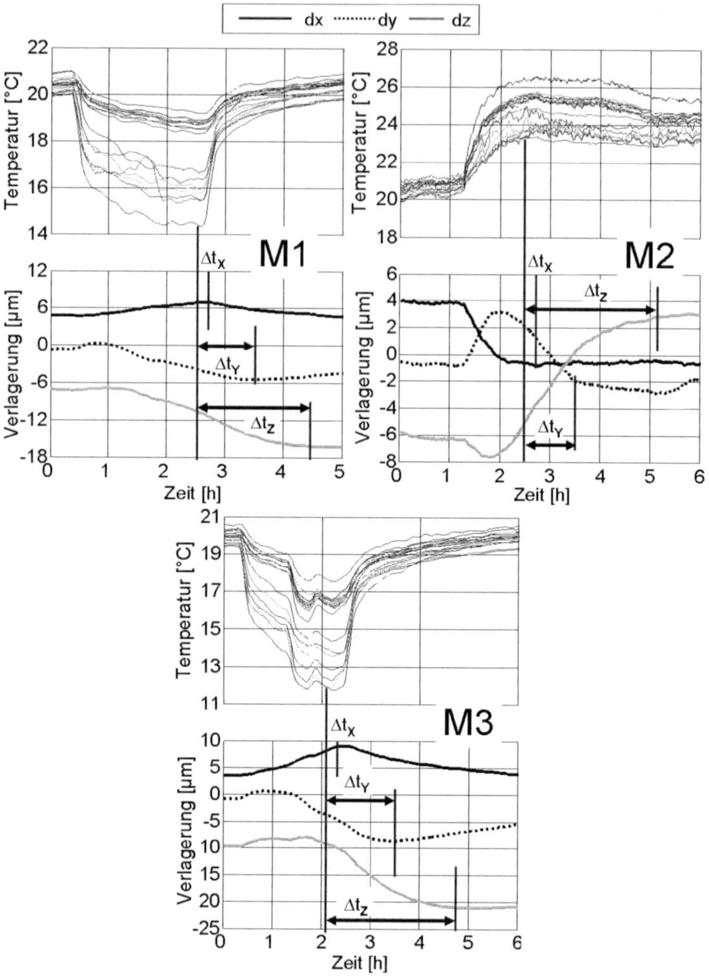

Bild 6-6: Zeitverzögerte Reaktion der Werkzeugmaschine auf Temperaturänderungen

Time delayed reaction of the machine tool to temperature changes

Aufgrund der Beobachtung des Temperatur-Verlagerungsverhaltens gilt zu untersuchen, ob die Berücksichtigung der geschätzten Zeitverzögerung zu besseren Korrekturergebnissen führt.

In den Eingangsvektor $\boldsymbol{p}$ werden bei einer Verzögerung von 10 Minuten die letzten fünf Werte vor dem aktuellen Wert einbezogen, da die Abtastung alle zwei Minuten erfolgt. Das Ergebnis ist bei 18 Temperatursensoren eine 18x6-Matrix. Die Größe der Eingangsmatrix hängt also von der Verzögerungszeit und der Anzahl der verwendeten Sensoren ab.

Der Berechnungsaufwand steigt durch die Anzahl notwendiger Iterationen erheblich an. Die Rechendurchläufe können entweder durch die Reduktion der Verzögerungszeit oder der Sensoranzahl herabgesetzt werden. Wie die Untersuchungen gezeigt haben, ist die Modellierung mit 18 Sensoren inkl. einer Verzögerungszeit aufgrund der erforderlichen Rechenleistung nicht in vertretbarem Rahmen abbildbar. Da im Fokus der Arbeit eine Korrekturmethode mit einer für die Anwendung vertretbaren Anzahl von Temperatursensoren liegt, wird die Anzahl der Temperatursensoren reduziert. Im Folgenden werden daher RBF-Netze mit 6 und 3 Sensoren für die drei TCP-Richtungen erstellt und validiert. Es werden Verzögerungszeiten von 2, 4 und 10 Minuten berücksichtigt. Die Auswahl der Temperatursensoren erfolgt mit der Korrelationsanalyse, die einerseits Sensoren mit redundanten Informationen identifiziert und andererseits Temperatursensoren ermittelt, die in keinem direkten kausalen Zusammenhang mit der TCP-Verlagerung stehen. Je höher die Korrelation ist, desto mehr Einfluss haben die gewählten Temperaturen auf das Verlagerungsverhalten.

Tabelle 6.1 gibt einen Überblick über die untersuchten Kombinationen in Abhängigkeit von der Anzahl der verwendeten Temperatursensoren und der Verzögerungszeit für alle drei TCP-Richtungen. Zum Vergleich wird den Ergebnissen mit 6 bzw. 3 Sensoren die Modellierung mit 18 Sensoren aber ohne Berücksichtigung einer Verzögerung gegenübergestellt. Es wird untersucht, ob die Steigerung der Verzögerungszeit eine Auswirkung auf die Korrekturqualität des KNN hat. Dementsprechend wird die Zeit auf 2 und dann auf 4 Minuten gesetzt. Bei einer Verwendung von nur 3 Sensoren erlaubt die zur Verfügung stehende Rechenleistung eine Verzögerungszeit von max. 10 Minuten.

Die ermittelten MSE-Werte des Modellierungs- und des Validierungsdatensatzes nach Tabelle 6.1 stellen das Korrekturmaß dar. Der Vergleich der MSE-Werte in Tabelle 6.1 zeigt, dass mit Ausnahme der Y-Richtung die Verwendung von 18 Temperatursensoren ohne eine Zeitverzögerung die besten Ergebnisse liefert. Dies gilt sowohl für den Modellierungs- als auch für den Validierungsdatensatz. Eine Reduktion der Temperatursensoren, wie sie in Tabelle 6.1 zu sehen ist, geht anscheinend mit einem Informationsverlust einher. Das Fazit ist jedoch, dass bei Berücksichtigung einer Verzögerungszeit auch mit weniger Temperatursensoren ein gutes Kompensationsergebnis erzielt werden könnte, dieses allerdings aufgrund der immer hohen Rechenleistung kein gangbarer Weg ist.

Da die Modellierung ohne Berücksichtigung der Verzögerungszeit mit 18 Sensoren die vergleichsweise besten Ergebnisse bei vertretbarem Aufwand liefert, wird im Folgenden im Detail auf die Erstellung der RBF-Netze und die Wahl der optimalen Netzstruktur am Beispiel der X-Verlagerung und der Verwendung von 18 Temperatursensoren ohne eine Verzögerung eingegangen.

Wie bereits erläutert, ist das Maß für die KNN-Güte bei der Erstellung eines RBF-Netzes ein MSE-Wert, der sowohl für den Modellierungs- als auch für den Validierungsdatensatz berechnet wird. Im Fall der umgebungstemperaturbedingten TCP-

Verlagerung in X-Richtung ergibt sich der kleinste MSE-Wert bei 20 Neuronen, er befindet sich also am Rand der zuvor festgelegten Matrix.

Tabelle 6.1: MSE-Werte in Abhängigkeit von der Anzahl der verwendeten Temperatursensoren und der Verzögerungszeit (alle Werte in μm^2)

MSE values depending on the number of used sensors and the time delay (all values in μm^2)

		18 Sen- Sensoren; 0 Min.	6 Sensoren; 0 Min.	6 Sensoren; 2 Min.	6 Sensoren; 4 Min.	3 Sensoren; 0 Min.	3 Sensoren; 2 Min.	3 Sensoren; 4 Min.	3 Sensoren; 10 Min.
X	Modellierung	0,28	0,32	0,33	0,32	0,35	0,35	0,33	0,33
	Validierung	0,29	0,33	0,35	0,33	0,38	0,39	0,34	0,39
Y	Modellierung	1,15	1,14	1,13	1,19	1,25	1,30	1,37	1,20
	Validierung	1,98	1,91	1,90	2,47	1,34	1,31	1,43	1,23
Z	Modellierung	5,37	5,93	6,05	6,07	8,58	9,16	9,59	8,80
	Validierung	5,85	6,10	6,97	6,93	10,36	9,18	10,40	8,94

Dies lässt die Vermutung zu, dass der MSE-Wert bei einer höheren Anzahl von Neuronen geringer und damit die Korrekturqualität höher wird. Daher wird für die X-Richtung die maximale Anzahl von Neuronen auf 30 erhöht. Die resultierende MSE-Matrix hat somit eine Größe von 30x20. In Bild 6-7 ist das Ergebnis der MSE-Untersuchung in Abhängigkeit von der Neuronenanzahl und dem Radius der Gaußkurven für den Modellierungs- und den Validierungsdatensatz in X-Richtung zu sehen. Im oberen linken Bereich des Bildes sind zwei Flächen dargestellt.

Die obere Fläche, die stark zerklüftet ist, zeigt die MSE-Werte des Validierungsdatensatzes bei der Korrektur umgebungstemperaturabhängiger TCP-Verlagerungen in X-Richtung. Die untere Fläche veranschaulicht die MSE-Werte des Modellierungsdatensatzes. Im selben Bild rechts oben ist zur besseren Lesbarkeit die Draufsicht auf die zerklüftete Fläche (Validierungsdatensatz) zu sehen. Dunkelrote Felder symbolisieren MSE-Werte ab 6 μm^2, dunkelblaue MSE-Werte unter 1 μm^2. Im Vergleich zu der Fläche der Validierung ist die Fläche der Modellierung sehr glatt. Dies kann man der unteren Hälfte von Bild 6-7 entnehmen, in der die MSE-Werte in Abhängigkeit von der Anzahl der Neuronen bei einem Radius von 6 (links) und in Abhängigkeit vom Radius bei 22 Neuronen (rechts) zu sehen sind. Beide Graphen stellen eine Schnittdarstellung durch beide Flächen bei den optimalen Netzparametern dar. Mit diesen Parametern ergibt sich für die Modellierung ein MSE-Wert von 0,28 μm^2 und für die Validierung von 0,29 μm^2.

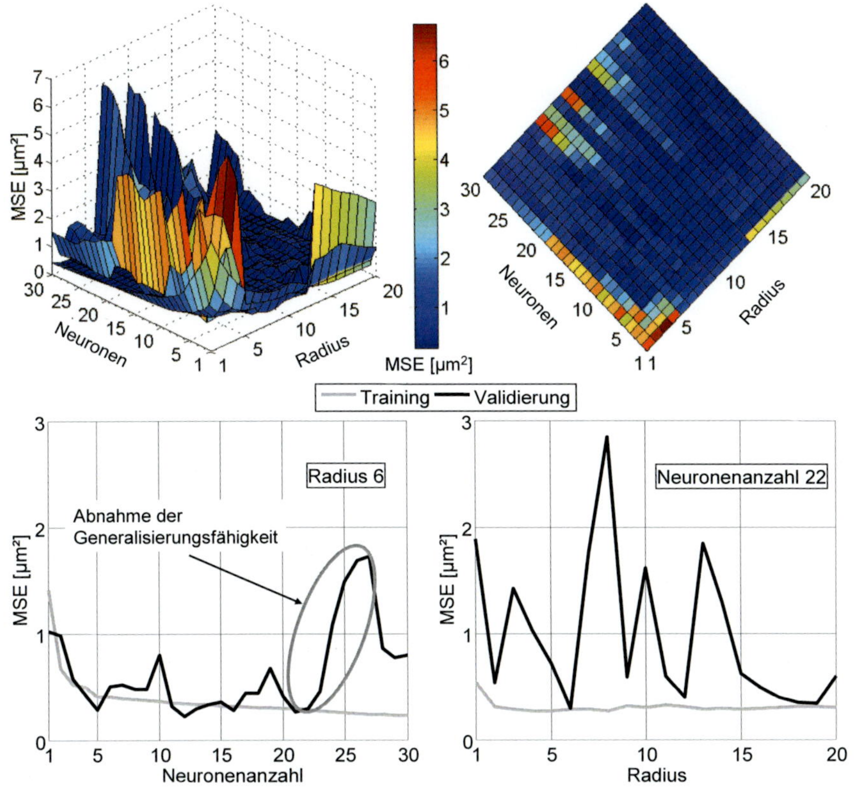

Bild 6-7: MSE-Werte in Abhängigkeit von der Neuronenanzahl und dem Radius für den Modellierungs- und Validierungsdatensatz (X-Richtung, 18 Temperatursensoren)

MSE values depending on the number of neurons and the spread for the training and validation data set (X-direction, 18 temperature sensors)

Die Untersuchung der Korrekturqualität in Abhängigkeit von den MSE-Werten zeigt, dass die besten Ergebnisse erreicht werden, wenn die zwei folgenden Bedingungen erfüllt werden: Es werden die beiden Werte n_h (Anzahl der Neuronen in der verdeckten Schicht) und r_h (Radius der radialen Funktion in der verdeckten Schicht) gewählt, bei denen der MSE-Wert der Validierung am geringsten ist. Gleichzeitig muss der MSE-Wert der Modellierung bei den beiden Werten gleich oder kleiner als bei der Validierung sein. Demnach gilt:

$$(n_{h_0}, r_{h_0}) \in \mathbb{N}^+ \times \mathbb{N}^+, \text{ so dass}$$
$$v(n_{h_0}, r_{h_0}) = \min\{v(n_h, r_h) \mid v(n_h, r_h) \geq m(n_h, r_h), \text{ für } (n_h, r_h) \in \mathbb{N}^+ \times \mathbb{N}^+\} \quad (6.5)$$

wobei n_{h0} die optimale Anzahl von Neuronen und r_{h0} der optimale Radius (beides Extremwerte), v die MSE-Funktion der Validierung und m die der Modellierung sind.

Das Einbeziehen der MSE-Werte der Validierung in die Bestimmung der optimalen Parameter verhindert das Overfitting [DITT04] und sorgt für eine Generalisierungsfähigkeit des erzeugten RBF-Netzes. In Bild 6-7 unten links nimmt der MSE-Wert der Modellierung zunächst stetig ab. Ab 25 Neuronen wird der Verlauf asymptotisch. Der MSE-Wert der Validierung fällt ebenfalls im Durchschnitt mit steigender Anzahl der Neuronen ab, bevor er ab dem 23. Neuron stark ansteigt. Dies bedeutet, dass die Generalisierungsfähigkeit des KNN abnimmt. Die Funktionsapproximation am Modellierungsdatensatz erfolgt mit einer großen Genauigkeit. Folglich muss der dazugehörige MSE-Wert geringer sein als im Fall der Validierung. Die beiden Bedingungen aus Gleichung (6.5) sind im Fall der Beispielmaschine für die X-Richtung und 18 Temperatursensoren in der Eingabeschicht bei einem Radius von 6 und 22 Neuronen erfüllt.

Analog zu Kapitel 5.4.3 werden zur Beurteilung der Korrekturqualität die Peak-to-Peak-Werte der Restverlagerung herangezogen. Die MSE-Werte bieten allerdings für den in Matlab implementierten Algorithmus eine einfachere Handhabung und werden zur Vorauslegung der RBF-Netze verwendet. In Bild 6-8 ist das Modellierungsergebnis in X-Richtung unter Verwendung von 18 Temperatursensoren zu sehen.

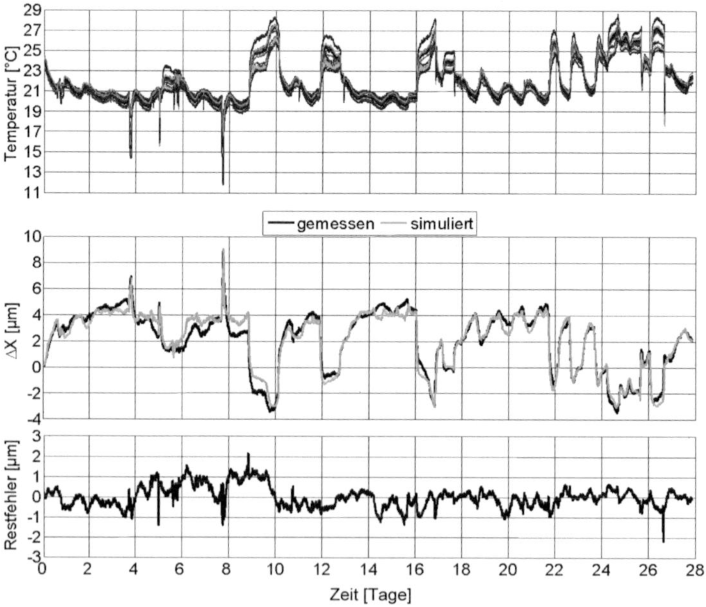

Bild 6-8: Modellierung in X-Richtung unter Verwendung von 18 Temperatursensoren

Modeling for the X-direction by using 18 temperature sensors

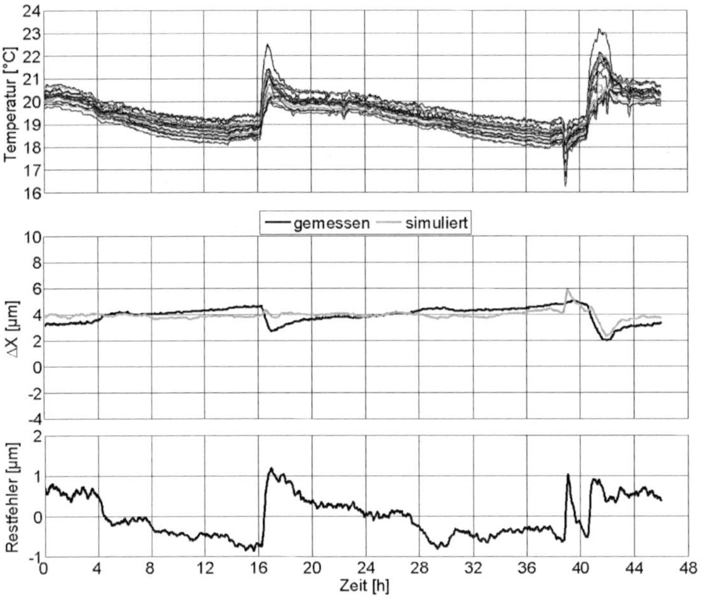

Bild 6-9: Validierung in X-Richtung unter Verwendung von 18 Temperatursensoren
Validation for the X-direction by using 18 temperature sensors

Im oberen Drittel des Bildes sind die in der Umgebung der Werkzeugmaschine gemessenen Temperaturen dargestellt, die lediglich einer qualitativen Beurteilung der Temperaturverhältnisse dienen. Auf eine Temperaturlegende wird deswegen verzichtet. Im mittleren Drittel des Bildes ist die zugehörige TCP-Verlagerung in X-Richtung aufgetragen. Die schwarze Linie entspricht der gemessenen, die graue der mit dem erstellten KNN simulierten Verlagerung. Die Differenz als Maß für die Korrekturqualität ist im unteren Drittel des Bildes dargestellt. Die Peak-to-Peak-Amplitude beträgt ca. 4 µm mit einem X_{max} von ca. 2 µm und einem X_{min} von -2 µm.

Analog zu der Korrektur spindellastbedingter thermoelastischer Maschinenverformungen in Kapitel 5.4.4 kann nur durch die Bewertung des Modellierungsergebnisses keine Aussage über die Allgemeingültigkeit des erstellten KNN und seine Korrekturqualität getroffen werden. Deshalb wird die Korrektur in X-Richtung am Beispiel des Validierungsdatensatzes in Bild 6-9 beurteilt. Die Struktur des Bildes ist wie die in Bild 6-8 mit dem Unterschied, dass die Zeit in Stunden angegeben ist. Die Dauer der Validierung beträgt 46 Stunden. Das künstliche neuronale Netz berechnet die durch die Umgebungstemperatur hervorgerufene TCP-Verlagerung in X-Richtung so, dass die Abweichung zwischen der gemessenen (schwarz) und der simulierten (grau) Verlagerung gering ist. Der Peak-to-Peak-Wert beträgt ca. 1 µm, der Tal-Wert knapp -1 µm.

Zusammenfassend wird festgestellt, dass das für die X-Richtung erstellte RBF-Netz die thermisch bedingte, umgebungstemperaturabhängige TCP-Verlagerung trotz fehlender Verzögerungszeit gut korrigieren kann.

Für die Richtungen Y und Z wird bei der Erstellung eines RBF-Netzes analog zu der X-Richtung vorgegangen.

Die beiden bereits erläuterten Bedingungen (Gleichung (6.5)) sind im Fall der Beispielmaschine für die Y-Richtung bei 18 Neuronen in der verdeckten Schicht und einem Radius von 14 erfüllt. Der MSE-Wert des Validierungsdatensatzes beträgt 1,98 μm^2, der des Modellierungsdatensatzes 1,15 μm^2.

Die Beurteilung der Modellierungsqualität des für die Y-Richtung erstellten RBF-Netzes mit 18 Sensoren in der Eingabeschicht erfolgt in Bild 6-10. Wie erwartet, ist die Abweichung zwischen gemessener und simulierter Y-Verlagerung aufgrund der insgesamt höheren Werte höher als im Fall des RBF-Netzes für die X-Richtung. Die Restverlagerung während der Modellierung schwankt zwischen 4 µm und -4 µm. Das Validierungsergebnis in Y-Richtung unter Verwendung von 18 Temperatursensoren, das in Bild 6-11 dargestellt ist, zeigt eine etwas bessere Korrekturqualität. Der Restfehler schwankt zwischen 3 µm und -1 µm. Er ist kleiner, weil in der Validierungsmessung im Vergleich zur Modellierung keine starken Temperaturabfälle durch das Öffnen des Hallentores auftreten. Diese lassen sich mit einem KNN nicht abbilden und sollten unter Produktionsbedingungen generell vermieden werden.

Trotz der im Vergleich zur X-Richtung (Bild 6-8 und Bild 6-9) schlechteren Korrekturqualität liefert das für die Y-Richtung erstellte RBF-Netz gute Ergebnisse.

Das dritte und letzte RBF-Netz wird für die Korrektur der umgebungstemperaturabhängigen thermoelastischen TCP-Verlagerung in Z-Richtung erstellt. Die beiden Bedingungen aus Gleichung (6.5) sind im Fall der Beispielmaschine für 18 Neuronen und den Radius der Gaußkurven von 8 erfüllt. Es ergibt sich für die Modellierung ein MSE-Wert von 5,4 μm^2, für die Validierung von 5,8 μm^2. Die Ergebnisse der Modellierung in Bild 6-12 und der Validierung in Bild 6-13 bestätigten die im Vergleich zur X- bzw. Y-Richtung hohen MSE-Werte. Im Fall der Modellierung schwankt die Restverlagerung zwischen ca. 7 µm und -12 µm. Die Ergebnisse der Validierung sind mit einem Restfehler zwischen 6 µm und ca. -4 µm etwas besser, was auch hier durch die fehlenden starken Temperaturabfälle bedingt ist.

In Tabelle 6.2 sind die Peak-to-Peak-Werte der Restverlagerung in Abhängigkeit von der Korrekturrichtung für 18 und 6 Temperatursensoren ohne eine Verzögerung und für 3 Temperatursensoren mit einer Verzögerung von 10 Minuten dargestellt. Analog zu der bisherigen Darstellung der Ergebnisse wird zwischen Modellierung und Validierung unterschieden. Der Vergleich der Peak-to-Peak-Werte der Restverlagerung für die drei TCP-Richtungen zwischen dem Einsatz von 18, 6 und 3 Temperatursensoren bestätigt die MSE-Werte in Tabelle 6.1.

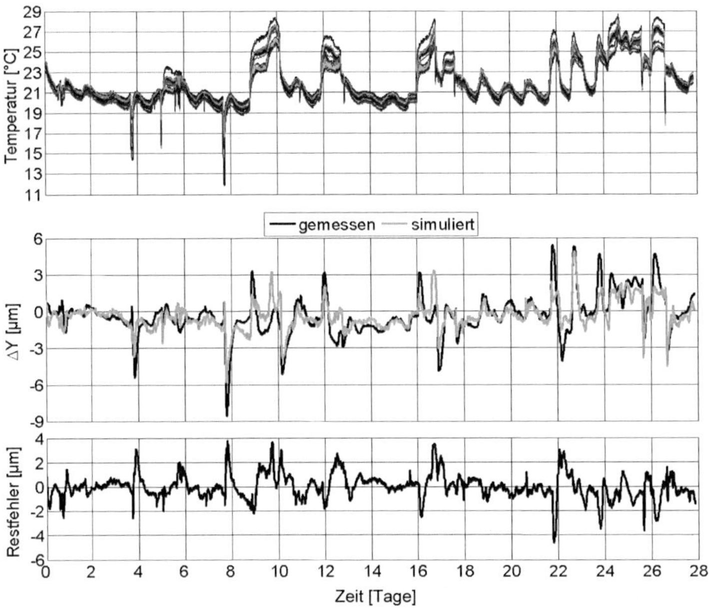

Bild 6-10: Modellierung in Y-Richtung unter Verwendung von 18 Temperatursensoren

Modeling for the Y-direction by using 18 temperature sensors

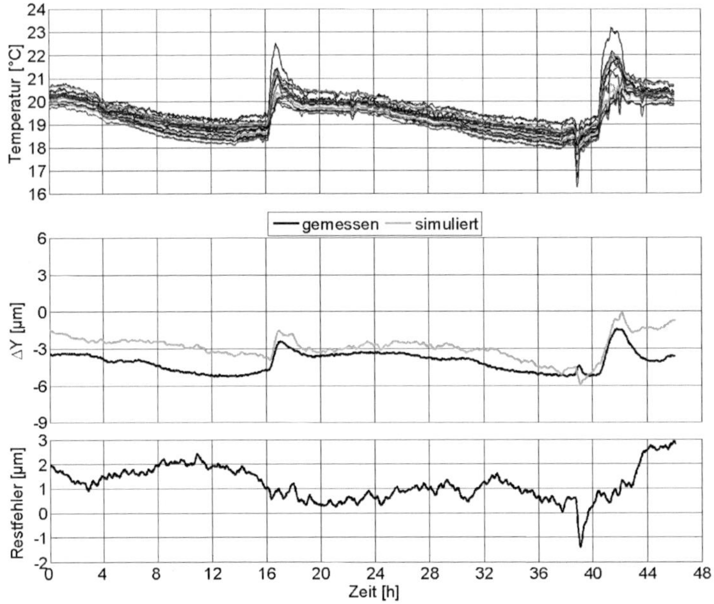

Bild 6-11: Validierung in Y-Richtung unter Verwendung von 18 Temperatursensoren

Validation for the Y-direction by using 18 temperature sensors

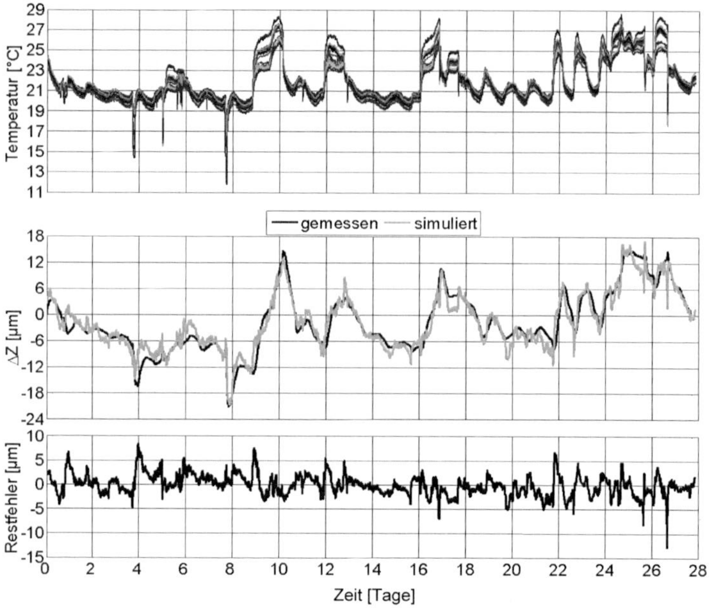

Bild 6-12: Modellierung in Z-Richtung unter Verwendung von 18 Temperatursensoren

Modeling for the Z-direction by using 18 temperature sensors

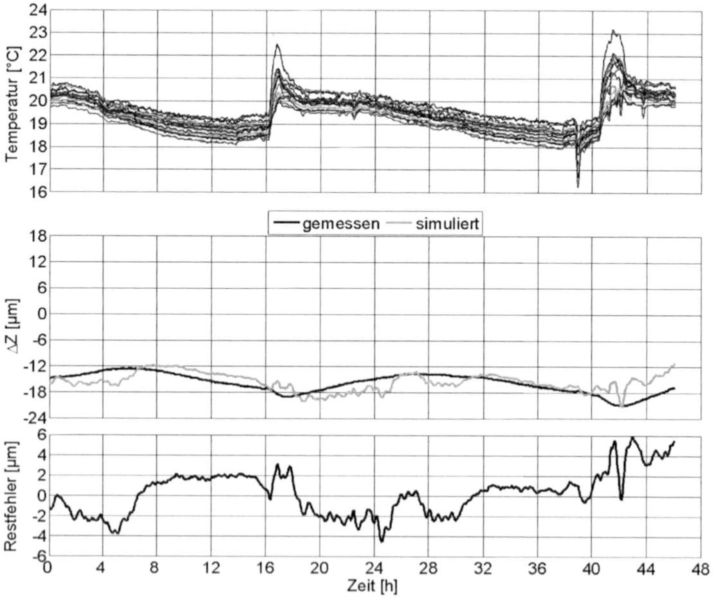

Bild 6-13: Validierung in Z-Richtung unter Verwendung von 18 Temperatursensoren

Validation for the Z-direction by using 18 temperature sensors

Tabelle 6.2: Peak-to-Peak-Werte der Restverlagerung unter Verwendung von 18, 6 und 3 Temperatursensoren für die X-, Y- und Z-Richtung; alle Werte in µm

Peak-to-peak values of the residual error by using 18, 6 and 3 temperature sensors for the X-, Y- and Z-direction; all values in µm

		18 Sensoren; 0 Min.	6 Sensoren; 0 Min.	3 Sensoren; 10 Min.
Modellierung	X_{max}	2	2	3
	X_{min}	-2	-2	-2
Validierung	X_{max}	1	2	2
	X_{min}	-1	-1	-1
Modellierung	Y_{max}	4	4	6
	Y_{min}	-4	-4	-5
Validierung	Y_{max}	3	3	2
	Y_{min}	-1	-4	-3
Modellierung	Z_{max}	8	9	10
	Z_{min}	-12	-7	-12
Validierung	Z_{max}	6	8	9
	Z_{min}	-4	-4	-2

Wie erwartet resultiert die geringste durchschnittliche Restverlagerung für alle drei Richtungen aus der Verwendung von 18 Temperatursensoren ohne eine Verzögerung. Allerdings werden sowohl im Fall der X- als auch der Y-Verlagerung mit 3 Sensoren und einer Verzögerung von 10 Minuten gute Ergebnisse erzielt. Die Z-Verlagerung erfordert die Verwendung von 6 Temperatursensoren ohne eine Verzögerung, um bei einer geringen Anzahl von Sensoren gleichzeitig ein gutes Korrekturergebnis zu erzielen.

Die Korrektur der umgebungstemperaturbedingten TCP-Verlagerungen mit RBF-Netzen auf Basis von Temperaturmessungen im Umfeld einer Werkzeugmaschine liefert gute Ergebnisse und ermöglicht die Ergänzung der in Kapitel 5 abgeleiteten Methode zur Korrektur spindellastbedingter thermoelastischer Maschinenverformungen. Die Synthese beider Korrekturmethoden wird im folgenden Kapitel durchgeführt. Dabei wird zwischen der Korrektur für die Y- und Z-Richtung mit 18 Temperatursensoren ohne eine Verzögerung, der Korrektur für die Y-Richtung mit 3 Temperatursensoren und einer Verzögerung von 10 Minuten und der Korrektur für die Z-Richtung mit 6 Temperatursensoren ohne eine Verzögerung unterschieden.

7 Synthese der Korrekturansätze

Synthesis of the correction approaches

Die ganzheitliche Betrachtung des thermischen Verhaltens einer Werkzeugmaschine erfordert die Zusammenführung der Korrektur spindellastbedingter mit der Korrektur umgebungstemperaturabhängiger thermoelastischer Strukturverformungen. Das Ziel ist die Optimierung des thermoelastischen Maschinenverhaltens unter variierenden Spindelbelastungen und sich gleichzeitig ändernden Umgebungstemperaturbedingungen. Die Synthese erfolgt für die TCP-Position, in der das umgebungstemperaturbedingte Maschinenverhalten in Kapitel 6 modelliert wurde (X=-540,800 mm, Y=502,500 mm und Z=-326,065 mm). Es werden dementsprechend in Kapitel 7.1 die gleichen Modellierungsversuche durchgeführt wie in Kapitel 5, allerdings unter sich ändernden Umgebungstemperaturbedingungen. Mit den gemessenen Lufttemperaturen wird die aus der Umgebungstemperatur resultierende TCP-Verlagerung berechnet. Die Subtraktion der berechneten von den gemessenen Verlagerungen ergibt den reinen spindellastbedingten thermoelastischen Einfluss. Anschließend wird dieser modelliert. In Kapitel 7.2 erfolgt die Validierung der zusammengeführten Korrekturmethoden an den vier in Kapitel 5.4.4 vorgestellten Belastungsspektren, wobei beide Korrekturmethoden parallel zum Einsatz kommen, indem mit den gemessenen Umgebungstemperaturen die umgebungstemperaturbedingte Korrektur und mit den Steuerungsdaten die spindellastbedingte Korrektur durchgeführt werden.

7.1 Korrektur des Umgebungstemperatureinflusses bei der Modellierung des spindellastabhängigen thermischen Verhaltens

Correction of the environmental temperature dependent influence during modeling of the spindle load dependent thermal behavior

Im Folgenden wird die Modellierung des spindellastbedingten thermoelastischen Maschinenverhaltens unter variierenden Umgebungstemperaturbedingungen durchgeführt. Analog zu Kapitel 5.4.3 erfolgt die Modellierung in 24 Betriebspunkten (6 Drehzahlstufen mit jeweils 4 Leistungsstufen), sodass sich insgesamt 48 Modelle ergeben.

Die in Kapitel 6.1 beschriebenen, im Umfeld der Fräsmaschine aufgestellten Temperatursensoren erfassen während der Modellierung des spindellastbedingten thermoelastischen Maschinenverhaltens die Umgebungstemperatur. Diese wird von den drei erstellten RBF-Netzen verwendet, um die umgebungstemperaturbedingte TCP-Verlagerung in X-, Y- und Z-Richtung zu berechnen. Während der Modellierung des spindellastbedingten thermoelastischen Maschinenverhaltens wird die TCP-Verlagerung für alle drei Richtungen erfasst, die sowohl das Resultat der Spindelbelastung als auch der sich ändernden Umgebungstemperatur ist. Wird von dieser TCP-Verlagerung die von den RBF-Netzen simulierte umgebungstemperaturabhängige Verlagerung subtrahiert, so erhält man die TCP-Verlagerung, die ihren Ursprung ausschließlich in der spindellastbedingten thermoelastischen Maschinenverformung hat. In Bild 7-1 ist das Ergebnis des beschriebenen Vorgehens am Beispiel der Verlagerung in Y- und Z-Richtung infolge einer Spindelbelastung mit 3000 min^{-1} und 5,5 kW (17,5 Nm) veranschaulicht. Die Berechnung des umgebungstemperaturbedingten Maschinenverhaltens erfolgte für die Y-Richtung mit drei Temperatursensoren und einer Verzögerung von 10 Minuten und für die Z-Richtung mit sechs Temperatursensoren ohne Verzögerung.

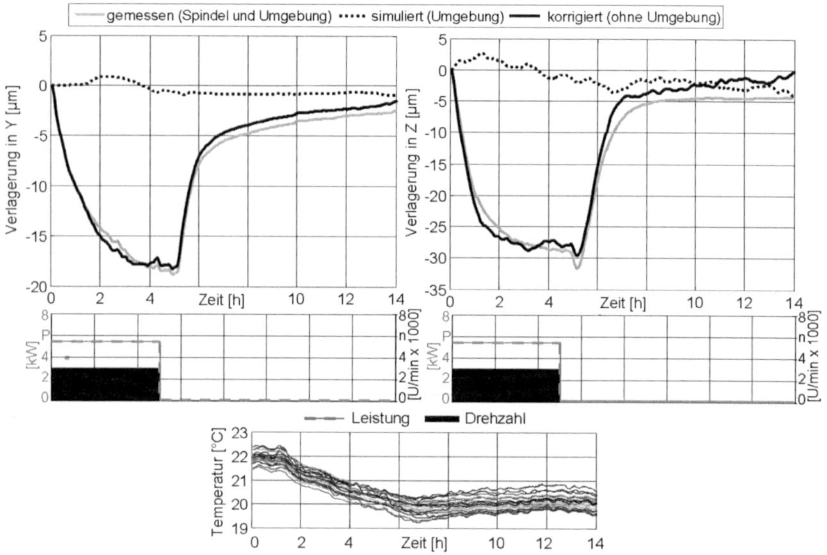

Bild 7-1: Spindellastbedingte thermoelastische TCP-Verlagerung bei 3000 min^{-1} und 5,5 kW, bereinigt um den Einfluss der Umgebung (3 und 6 Sensoren)

Thermo-elastic TCP displacement due to the spindle load by 3000 min^{-1} and 5,5 kW revised by the influence of the environment (3 and 6 sensors)

Im unteren Teil des Bildes ist die Lufttemperaturänderung im Umfeld der Werkzeugmaschine während des Modellierungsversuches zu sehen. Sie fällt im Durchschnitt von 22 °C auf 20 °C ab. Die gemessene TCP-Verlagerung ist für beide Richtungen in grau dargestellt (Bild 7-1, oben). Der Einfluss der Umgebungstemperatur ist besonders in der Ruhephase sichtbar: Die Verlagerung geht weder für die Y- noch für die Z-Richtung auf den ursprünglichen Wert zurück. Die von den RBF-Netzen simulierte TCP-Verlagerung ist in beiden Diagrammen als schwarz gepunktete Linie dargestellt. Die schwarze durchgezogene Linie ist die aus der Differenz der simulierten Verlagerung (schwarz, gepunktet) und der gemessenen TCP-Verlagerung (grau, durchgezogen) resultierende Verlagerung, mit der das spindellastbedingte thermoelastische Maschinenverhalten modelliert wird. Die Korrektur der umgebungstemperaturbedingten TCP-Verlagerung ist in Bild 7-1 gut zu erkennen. Die schwarze Linie wandert für die Y-Richtung zwar nicht auf den Anfangswert des Modellierungsversuches zurück, allerdings ist eine eindeutige Korrektur des Verlaufes erkennbar. In Z-Richtung treten in der Ruhephase leichte Schwankungen auf. Die Korrektur fällt hier stärker aus als in Y-Richtung. Mit Rücksicht auf die Untersuchungsergebnisse in Tabelle 6.2 kann nicht davon ausgegangen werden, dass eine vollständige Korrektur des Verlaufes erfolgt. Die Korrekturmethode hat, wie die Peak-to-Peak-Amplituden der Restverlagerung in Kapitel 6.2 zeigen, ihre Grenzen. Für die Korrektur des umgebungstemperatur- und spindellastabhängigen Verhaltens der Werkzeugmaschine werden die Versuche für alle 48 Modelle unter variierenden Umgebungstemperaturbedingungen durchgeführt und anschließend mit den erstellten RBF-Netzen um den Einfluss der Umgebungstemperatur korrigiert.

7.2 Korrektur des umgebungstemperatur- und spindellastabhängigen Verhaltens

Correction of the environmental temperature and spindle load dependent behavior

Nach der Modellierung des spindellastabhängigen thermoelastischen Maschinenverhaltens unter variierenden Umgebungstemperaturbedingungen erfolgt die Validierung der zusammengeführten Korrekturmethoden an den in Kapitel 5.4.4 vorgestellten Belastungsspektren. Es wird dabei zwischen der Korrektur des Umgebungstemperatureinflusses (KdUte) für die Y- und Z-Richtung mit 18 Temperatursensoren ohne eine Verzögerung, der Korrektur für die Y-Richtung mit 3 Temperatursensoren und einer Verzögerung von 10 Minuten und der Korrektur für die Z-Richtung mit 6 Temperatursensoren ohne eine Verzögerung unterschieden. In Tabelle 7.1 sind die Peak-to-Peak-Werte der Restverlagerung in Abhängigkeit von dem Spektrum und der bei der Korrektur verwendeten Anzahl von Temperatursensoren dargestellt. Sowohl die Korrektur des umgebungstemperaturabhängigen Einflusses bei der Modellierung des spindellastabhängigen Verhaltens als auch die hier dargestellte Validierung verwendet die gleiche Anzahl von Temperatursensoren. In Tabelle 7.1 ist zusätzlich das Ergebnis der Korrektur unter variierenden Umgebungstemperaturbedingungen ohne deren Korrektur zu sehen, um den Nutzen der Korrektur des Umgebungstemperatureinflusses beurteilen zu können. Neben den Peak-to-Peak-Werten der Restverlagerung ist wie in der bisherigen Ergebnisdarstellung auch der Optimierungsgrad in Prozent angegeben. Die Korrektur des spindellastbedingten TCP-Verhaltens erfolgt auf Basis von 48 Modellen.

Auf den ersten Blick scheint die Korrektur des Umgebungstemperatureinflusses keine nennenswerte zusätzliche Optimierung des thermoelastischen Verhaltens zu erzielen. Im Fall von Spektrum 1 wird für die Y-Richtung ohne die Korrektur des Umgebungstemperatureinflusses (KdUte) eine Verlagerungsoptimierung von 54 % erreicht. Die Verwendung der KdUte führt dagegen zu einer Optimierung von nur 42 % (18 Sensoren) und 25 % (3 bzw. 6 Sensoren). Im Fall von Spektrum 3 ist das Ergebnis der Korrektur mit 3 bzw. 6 Sensoren für beide TCP-Richtungen schlechter als ohne KdUte. Auch die Korrektur der Z-Verlagerung mit 18 und 3 bzw. 6 Sensoren ist schlechter als ohne die Berücksichtigung der Umgebungstemperatur.

Tabelle 7.1: Peak-to-Peak-Werte der Restverlagerung in Abhängigkeit von dem Spektrum und den Temperatursensoren, 48 PT3-Modelle, T≠konst.

Peak-to-peak values of the residual error subjected to the spectrum, number of the temperature sensors, 48 PT3 models, T≠const.

		Spek. 1 [µm]	Opt. [%]	Spek. 2 [µm]	Opt. [%]	Spek. 3 [µm]	Opt. [%]	Spek. 4 [µm]	Opt. [%]
Ohne KdUte	Y_{max}	6	54	4	57	8	52	9	37
	Y_{min}	-5		-5		-4		-8	
	Z_{max}	11	62	16	52	13	50	16	40
	Z_{min}	-9		-8		-8		-15	
KdUte mit 18 Sensoren	Y_{max}	7	42	2	67	7	56	5	56
	Y_{min}	-7		-5		-4		-7	
	Z_{max}	5	73	2	64	13	48	12	54
	Z_{min}	-9		-16		-9		-12	
KdUte mit 3 (Y) und 6 (Z) Sensoren	Y_{max}	6	25	2	62	9	44	5	52
	Y_{min}	-12		-6		-5		-8	
	Z_{max}	7	71	5	70	16	45	10	56
	Z_{min}	-8		-10		-7		-13	

Der Vergleich der Temperaturverläufe zwischen den vier Belastungsspektren zeigt, dass im Fall von Spektrum 1 und 3 die über alle Temperaturen gemittelte maximale Schwankung 1,7 °C bzw. 1 °C beträgt. Bei den anderen zwei Spektren beträgt sie 5 °C (Spektrum 2) und 4 °C (Spektrum 4). Dementsprechend ist es denkbar, dass das KNN erst bei einem signifikanten Einfluss der Umgebungstemperatur den Verlagerungsverlauf gut abbilden kann.

Im Durchschnitt wird allerdings durch den Einsatz der KdUte ein besseres Kompensationsergebnis erzielt als ohne. Dies trifft sowohl auf die Verwendung von 18 als auch von 3 bzw. 6 Temperatursensoren zu. Die durchschnittliche Verlagerungsoptimierung ohne KdUte beträgt für die Y-Richtung 50 %, für die Z-Richtung 51 %. Die Korrektur des Umgebungstemperatureinflusses auf Basis von 18 Sensoren erreicht Werte von 55 % bzw. 60 %.

In Bild 7-2 bis Bild 7-9 ist das Ergebnis der Synthese zwischen beiden Korrekturmethoden am Beispiel der vier bekannten Belastungsspektren für die Y- und die Z-Richtung dargestellt. Die Korrektur des Umgebungstemperatureinflusses basiert auf 18 Temperatursensoren und berücksichtigt keine Verzögerung. Die spindellastbasierte Korrektur verwendet 48 PT3-Modelle.

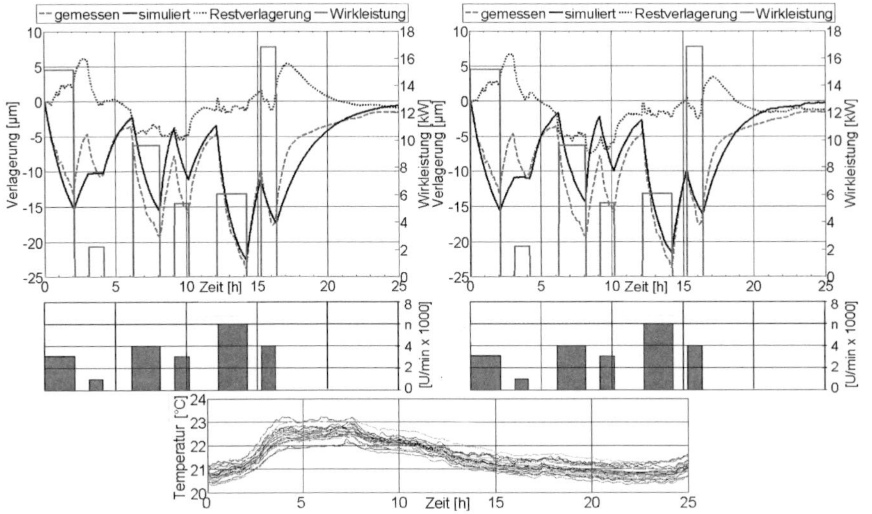

Bild 7-2: Korrekturergebnis in Y-Richtung mit (rechts) und ohne (links) KdUte, 18 Sensoren und 48 PT3-Modelle, Spektrum 1

Correction result for the Y-direction with (right) and without (left) environmental correction, 18 sensors and 48 PT3 models, spectrum 1

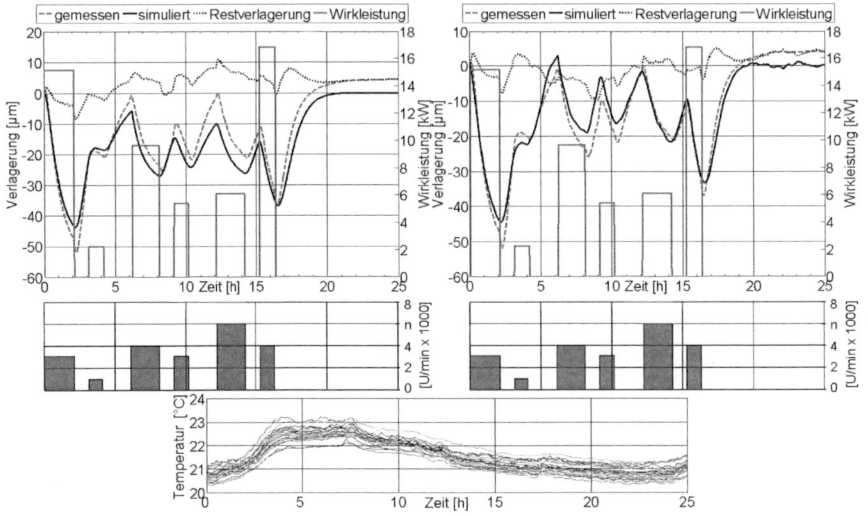

Bild 7-3: Korrekturergebnis in Z-Richtung mit (rechts) und ohne (links) KdUte, 18 Sensoren und 48 PT3-Modelle, Spektrum 1

Correction result for the Z-direction with (right) and without (left) environmental correction, 18 sensors and 48 PT3 models, spectrum 1

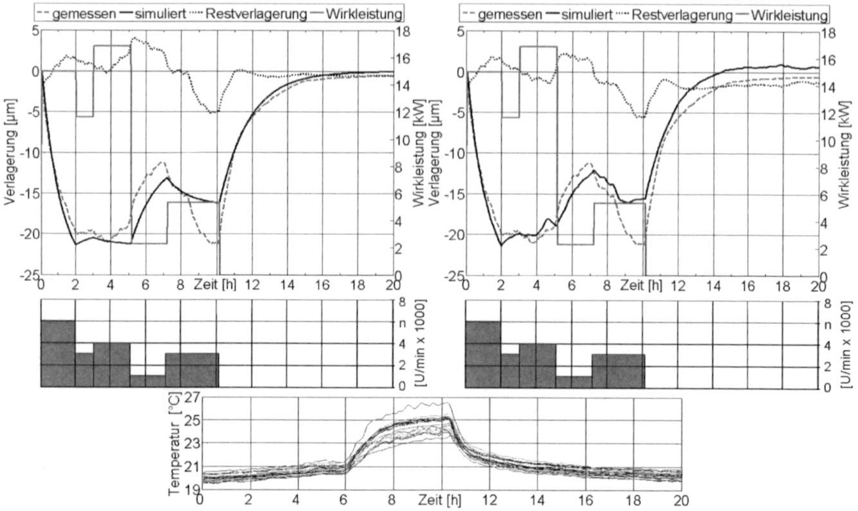

Bild 7-4: Korrekturergebnis in Y-Richtung mit (rechts) und ohne (links) KdUte, 18 Sensoren und 48 PT3-Modelle, Spektrum 2

Correction result for the Y-direction with (right) and without (left) environmental correction, 18 sensors and 48 PT3 models, spectrum 2

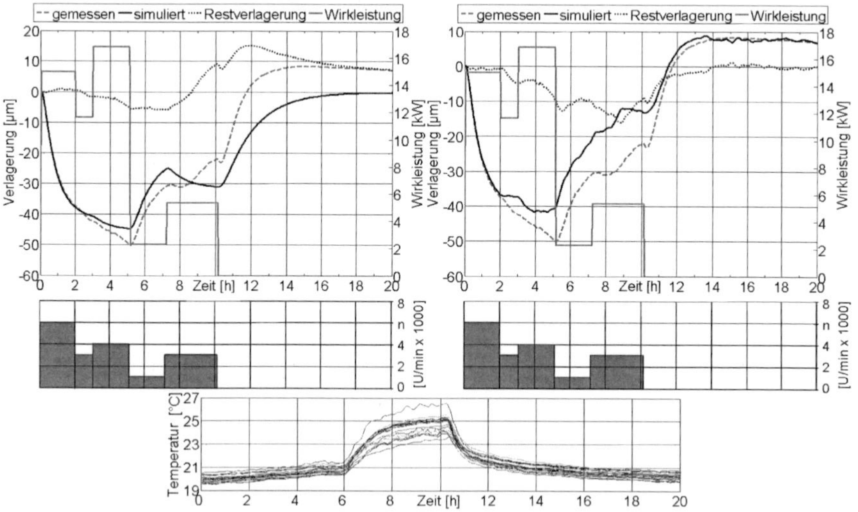

Bild 7-5: Korrekturergebnis in Z-Richtung mit (rechts) und ohne (links) KdUte, 18 Sensoren und 48 PT3-Modelle, Spektrum 2

Correction result for the Z-direction with (right) and without (left) environmental correction, 18 sensors and 48 PT3 models, spectrum 2

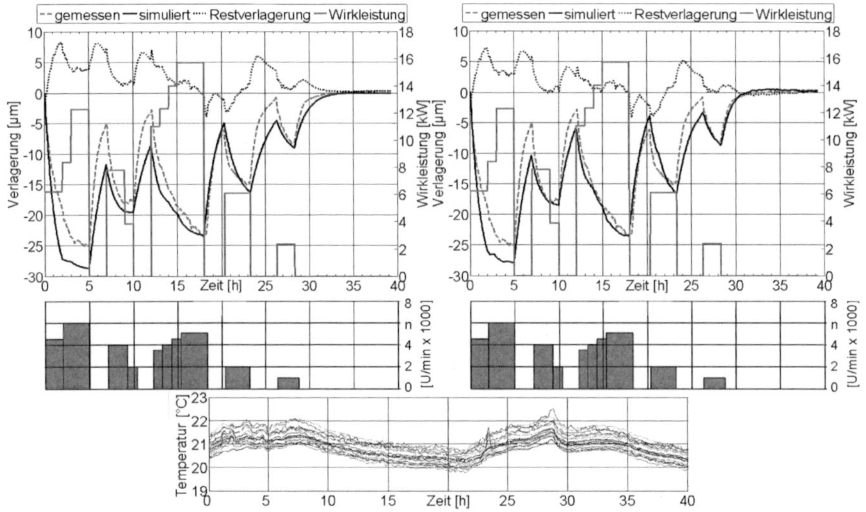

Bild 7-6: Korrekturergebnis in Y-Richtung mit (rechts) und ohne (links) KdUte, 18 Sensoren und 48 PT3-Modelle, Spektrum 3

Correction result for the Y-direction with (right) and without (left) environmental correction, 18 sensors and 48 PT3 models, spectrum 3

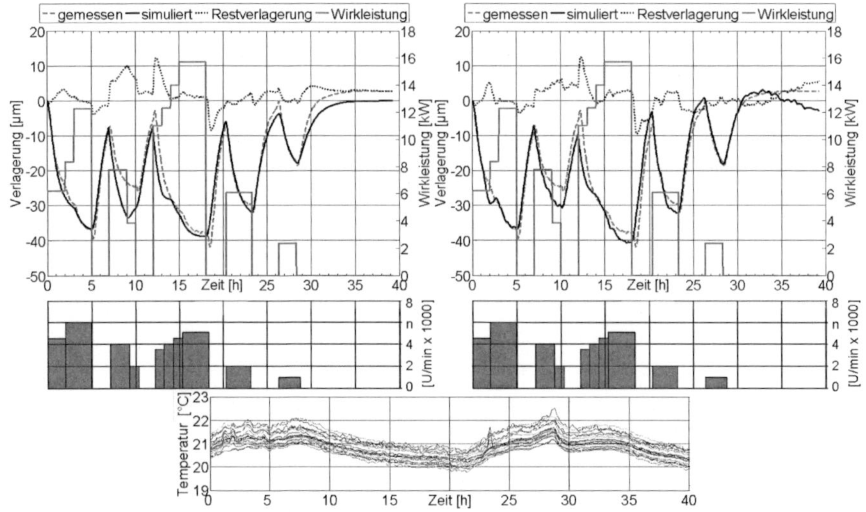

Bild 7-7: Korrekturergebnis in Z-Richtung mit (rechts) und ohne (links) KdUte, 18 Sensoren und 48 PT3-Modelle, Spektrum 3

Correction result for the Z-direction with (right) and without (left) environmental correction, 18 sensors and 48 PT3 models, spectrum 3

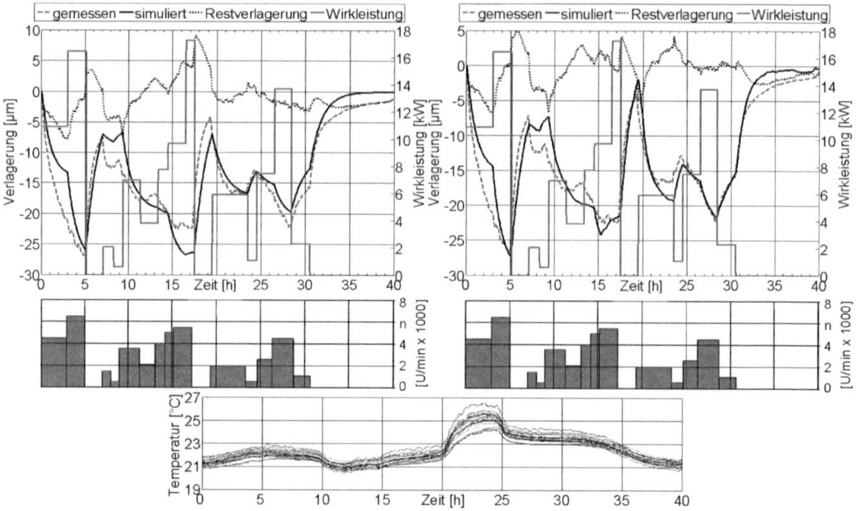

Bild 7-8: Korrekturergebnis in Y-Richtung mit (rechts) und ohne (links) KdUte, 18 Sensoren und 48 PT3-Modelle, Spektrum 4

Correction result for the Y-direction with (right) and without (left) environmental correction, 18 sensors and 48 PT3 models, spectrum 4

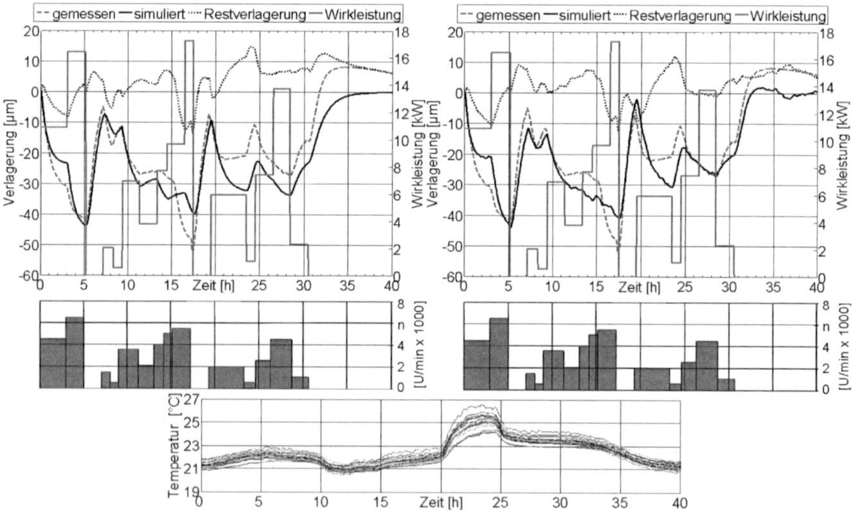

Bild 7-9: Korrekturergebnis in Z-Richtung mit (rechts) und ohne (links) KdUte, 18 Sensoren und 48 PT3-Modelle, Spektrum 4

Correction result for the Z-direction with (right) and without (left) environmental correction, 18 sensors and 48 PT3 models, spectrum 4

Zusammenfassend kann festgestellt werden, dass die Synthese der Korrekturansätze am Beispiel des untersuchten Bearbeitungszentrums mit wenigen Ausnahmen das thermisch bedingte Verhalten optimiert. Der Optimierungsgrad durch die Verwendung der Korrektur umgebungstemperaturabhängiger thermoelastischer Maschinenverformungen ist allerdings nicht so deutlich zu erkennen wie durch die Verwendung der Korrektur spindellastbedingter TCP-Verlagerungen. Die Ergebnisse lassen die Vermutung zu, dass das künstliche neuronale Netz den Verlagerungsverlauf erst dann gut abbilden kann, wenn die Umgebungstemperaturschwankung signifikant ist.

Im folgenden Kapitel wird die bisher verwendete indirekte mit der direkten Korrektur kombiniert, um eine weitere Verlagerungsreduzierung bei einem gleichzeitig geringeren Modellierungsaufwand zu erzielen und damit diese Ansätze für reale Applikationen interessant werden.

8 Kombination der indirekten mit der direkten Korrektur

Combination between indirect and direct correction

In Kapitel 5.4.4 wurde gezeigt, dass die spindellastbasierte Korrektur mit Verzögerungsgliedern dritter Ordnung eine signifikante Optimierung des thermoelastischen Maschinenverhaltens ermöglicht. Trotz der langen Belastungsspektren ist keine Divergenz zwischen der gemessenen und der simulierten TCP-Verlagerung zu erkennen. Es kann allerdings nicht ausgeschlossen werden, dass in der Praxis nach mehreren Tagen eine Abweichung zwischen der berechneten und der tatsächlichen Verlagerung auftritt. Aufgrund dessen wird in diesem Kapitel die indirekte mit der direkten Korrektur kombiniert.

Der Vorteil der direkten Korrektur ist die vollständige Beseitigung der thermisch bedingten TCP-Verlagerung. Ein Nachteil ist allerdings die Notwendigkeit der direkten Verlagerungsmessung, die oft mit einer Prozessunterbrechung einhergeht. Darüber hinaus ist die Integration von Messtechnik in die Maschinenstruktur zwingend erforderlich. Im Gegensatz zu der indirekten Korrektur, die parallel zum Prozess durchgeführt wird, kann die direkte Korrektur nur bei einem Werkzeugwechsel oder nach einem Zerspanungsprozess eingesetzt werden ohne diesen zu unterbrechen. Die Berechnung des aktuellen Verlagerungswertes mit Verzögerungsgliedern dritter Ordnung hängt, wie in Kapitel 5.4.1 erläutert, von der aktuellen Spindelleistung u_{n+3}, den Modellparametern K, T_1, T_2, T_3 und den drei vorherigen Verlagerungswerten c_{n+2}, c_{n+1} und c_n ab. Die Kombination der beiden Korrekturmethoden sieht im Rahmen dieser Arbeit das Einbeziehen der gemessenen TCP-Verlagerungen in die zeitdiskrete Übertragungsfunktion im Zeitbereich vor. Die Modellierung des PT3-Gliedes in Kapitel 5.4.3 erfolgte mit Messungen der Spindelleistung und der Verlagerung mit einer Abtastzeit von 120 Sekunden. Das hat zur Folge, dass das Model alle 120 Sekunden die Spindelleistung zur Berechnung der Verlagerung verwendet. Eine Änderung der Leistungsabtastung würde zu einer zeitlichen Verzerrung der Verlagerungswerte führen. Da das PT3 nicht nur die Leistung, sondern auch die drei vergangenen Verlagerungswerte benutzt, müssen bei der Kombination der direkten mit der indirekten Korrektur Verlagerungswerte verwendet werden, die alle 120 Sekunden gemessen werden. Im Fall des PT3 sind genau drei Abtastungen alle 120 Sekunden notwendig. Dies ist inakzeptabel, da ein Werkzeugwechsel in der Regel nicht alle 120 Sekunden erfolgt. Um allerdings eine Messung alle 120 Sekunden zu ermöglichen, wäre eine Prozessunterbrechung nicht zu vermeiden. Aufgrund dessen wird an dieser Stelle auf die Korrektur mit Verzögerungsgliedern erster Ordnung zurückgegriffen, die in Kapitel 5.4.3 und 5.4.4 zufriedenstellende Modellierungs- bzw. Korrekturergebnisse liefert. Der große Vorteil der Verzögerungsglieder erster Ordnung ist die Tatsache, dass der aktuelle Verlagerungswert c_{n+1} lediglich von der Spindelleistung u_{n+1}, den beiden Konstanten T und K und dem vorherigen Verlagerungswert c_n abhängt, wodurch nur eine einzige Abtastung erforderlich ist.

8.1 Ergebnisse der indirekt-direkten Korrektur

Results based on the combination between indirect and direct correction

Im ersten Schritt wird das spindellastabhängige thermoelastische Verhalten der Werkzeugmaschine mit PT1-Gliedern unter annähernd konstanten Umgebungstemperaturbedingungen ($\Delta T=\pm 0{,}5$ °C) modelliert und am Beispiel der vier Belastungsspektren in Kombination mit der direkten Verlagerungsmessung alle zwei Stunden verifiziert. Zur Korrektur werden zunächst 48 Modelle herangezogen (6 Drehzahlstufen mit jeweils 4 Belastungsstufen: 24 Belastungs- und 24 Abkühlmodelle).

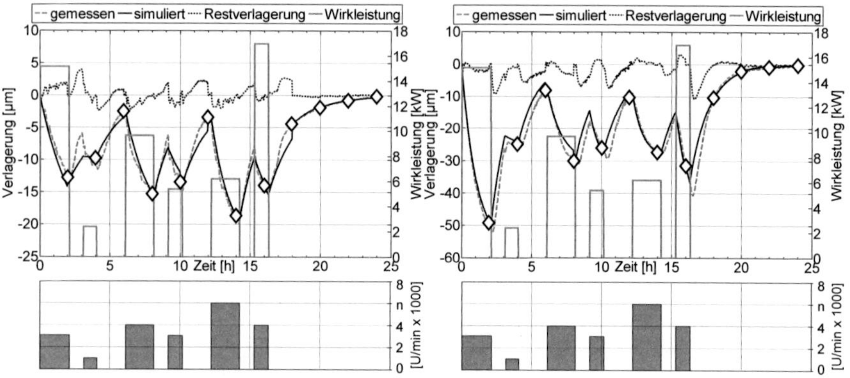

Bild 8-1: Korrekturergebnis in Y- (links) und Z-Richtung (rechts) mit PT1-Gliedern, Abtastung und 48 Modellen, Spektrum 1, T=konst.

Correction result for the Y- (left) and Z-direction (right) by using PT1 elements, direct measurement and 48 models, spectrum 1, T=const.

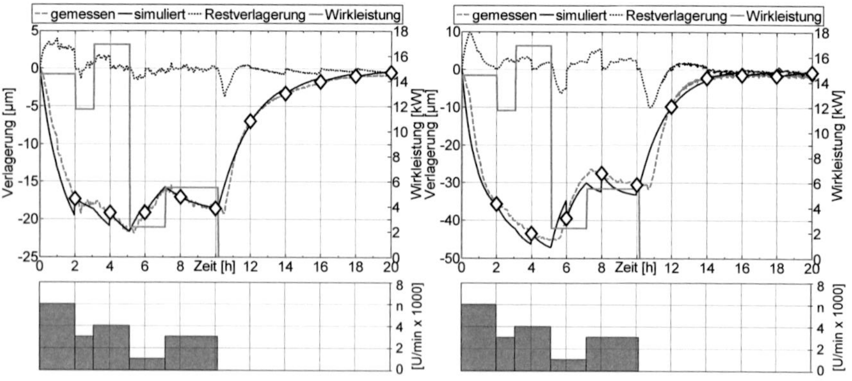

Bild 8-2: Korrekturergebnis in Y- (links) und Z-Richtung (rechts) mit PT1-Gliedern, Abtastung und 48 Modellen, Spektrum 2, T=konst.

Correction result for the Y- (left) and Z-direction (right) by using PT1 elements, direct measurement and 48 models, spectrum 2, T=const.

Die Korrekturergebnisse sind in Bild 8-1 bis Bild 8-4 dargestellt. An den mit einer Raute gekennzeichneten Stellen erfolgt die Bestimmung der Korrekturwerte durch eine direkte Verlagerungsmessung, während zwischen diesen Stellen der Korrekturwert indirekt anhand der Drehzahl-Leistungs-Verlagerungsmodelle bestimmt wird.

Die direkte Verlagerungsmessung hat zur Folge, dass die Restverlagerung im Moment der Messung 0 µm beträgt, da nicht die berechnete, sondern die tatsächlich auftretende Verlagerung für die Korrektur verwendet wird.

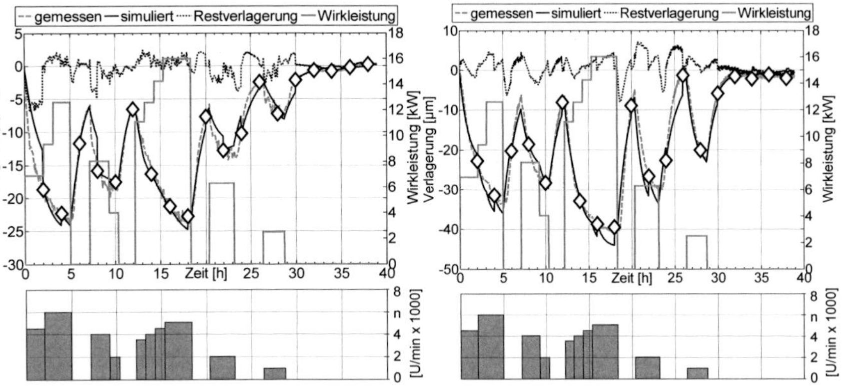

Bild 8-3: Korrekturergebnis in Y- (links) und Z-Richtung (rechts) mit PT1-Gliedern, Abtastung und 48 Modellen, Spektrum 3, T=konst.

Correction result for the Y- (left) and Z-direction (right) by using PT1 elements, direct measurement and 48 models, spectrum 3, T=const.

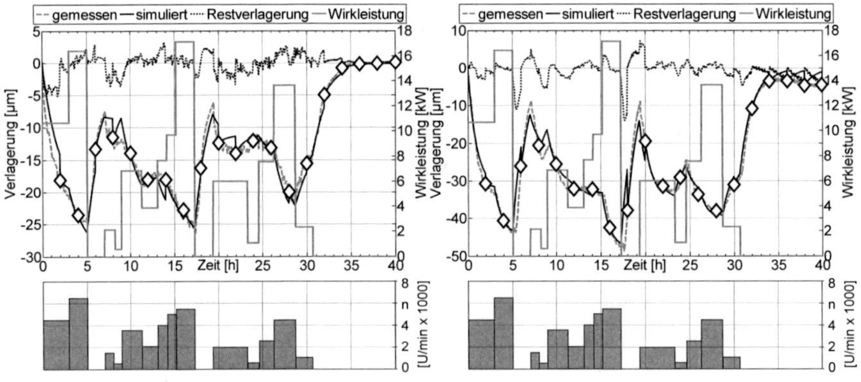

Bild 8-4: Korrekturergebnis in Y- (links) und Z-Richtung (rechts) mit PT1-Gliedern, Abtastung und 48 Modellen, Spektrum 4, T=konst.

Correction result for the Y- (left) and Z-direction (right) by using PT1 elements, direct measurement and 48 models, spectrum 4, T=const.

Die TCP-Verlagerung infolge der beiden Belastungsspektren 1 und 2 wird mit dem synthetischen Korrekturansatz trotz der Verwendung von Verzögerungsgliedern erster Ordnung signifikant für beide Richtungen reduziert. Im Fall des Spektrums 1 wird die Verlagerung in Y-Richtung um 70 % (Bild 8-1 links), in Z-Richtung sogar um 75 % verringert (Bild 8-1 rechts). Im Fall des Spektrums 2 in Bild 8-2 fällt die Optimierung mit 64 % bzw. 56 % etwas schlechter aus. Ähnliches wird bei den Spektren 3 und 4 beobachtet. Bei Spektrum 3 werden die Verlagerungen um 64 % in Y- und 63 % in Z-Richtung reduziert. Im Fall des Spektrums 4 in Bild 8-4 kann eine Optimierung von 70 % (Y-Richtung) und 55 % (Z-Richtung) erzielt werden. Die Peak-to-Peak-Werte können der Tabelle 8.1 entnommen werden.

In Kapitel 5.5 wurde gezeigt, dass es grundsätzlich möglich ist, den Versuchs- und Modellierungsaufwand signifikant zu reduzieren und gleichzeitig akzeptable Korrekturergebnisse zu erhalten, indem geeignete Belastungsstufen für die Modellierung des thermoelastischen Maschinenverhaltens gewählt werden. Dementsprechend werden im nächsten Schritt 8 Modelle der Drehzahlstufe 4000 min^{-1} (1 Drehzahlstufe mit jeweils 4 Belastungsstufen: 4 Belastungs- und 4 Abkühlmodelle) zur Korrektur herangezogen, da das Ziel dieser Arbeit eine möglichst hohe Korrekturqualität bei einem möglichst geringem Versuchs- und Modellierungsaufwand ist. Der zeitliche Versuchsaufwand beträgt für die 8 erforderlichen Modelle vier Tage.

In Bild 8-5 bis Bild 8-8 sind die Ergebnisse der indirekt-direkten Korrektur unter Verwendung der acht Modelle für die Richtungen Y und Z dargestellt. Wie erwartet fällt die Optimierung etwas schlechter aus als auf Basis von 48 Modellen. Trotzdem kann durch den Einsatz der Korrekturmethode für alle vier Belastungsspektren und beide TCP-Richtungen eine signifikante Verbesserung des thermischen Verhaltens erzielt werden.

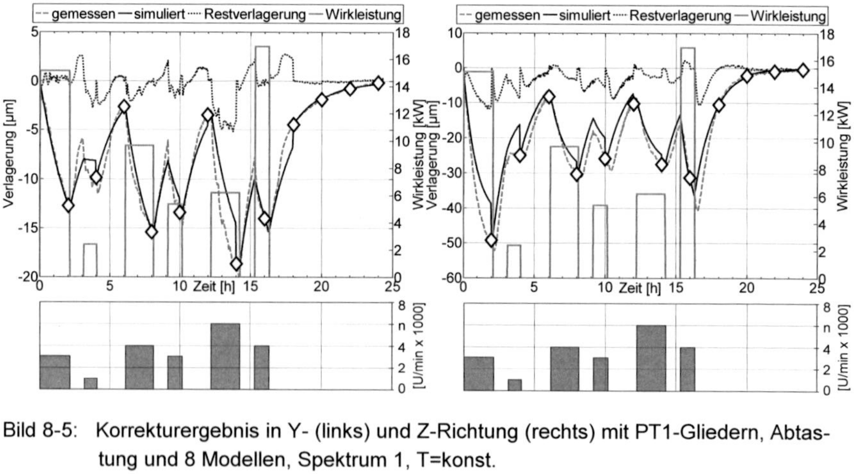

Bild 8-5: Korrekturergebnis in Y- (links) und Z-Richtung (rechts) mit PT1-Gliedern, Abtastung und 8 Modellen, Spektrum 1, T=konst.

Correction result for the Y- (left) and Z-direction (right) by using PT1 elements, direct measurement and 8 models, spectrum 1, T=const.

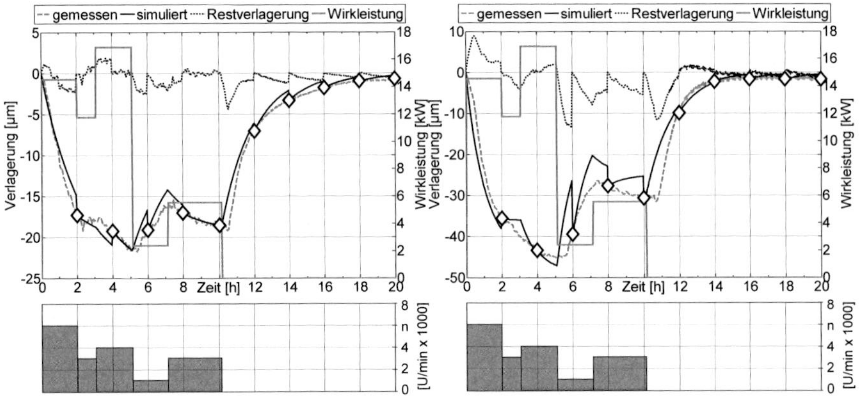

Bild 8-6: Korrekturergebnis in Y- (links) und Z-Richtung (rechts) mit PT1-Gliedern, Abtastung und 8 Modellen, Spektrum 2, T=konst.

Correction result for the Y- (left) and Z-direction (right) by using PT1 elements, direct measurement and 8 models, spectrum 2, T=const.

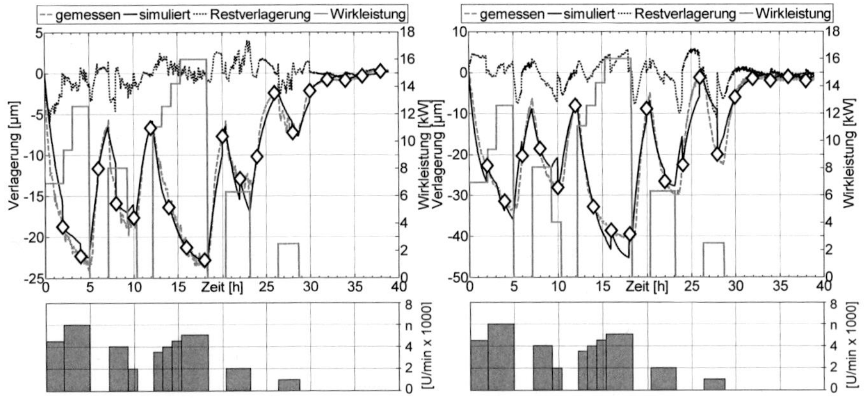

Bild 8-7: Korrekturergebnis in Y- (links) und Z-Richtung (rechts) mit PT1-Gliedern, Abtastung und 8 Modellen, Spektrum 3, T=konst.

Correction result for the Y- (left) and Z-direction (right) by using PT1 elements, direct measurement and 8 models, spectrum 3, T=const.

Die geringste Optimierung wird bei Spektrum 2 in Z-Richtung mit 51 % erzielt (Bild 8-6 rechts). Bei dem gleichen Belastungsspektrum wird die Verlagerung in Y-Richtung um 73 % verringert (Bild 8-6 links), was ein unerwartet gutes Korrekturergebnis darstellt, da die Verlagerungsreduzierung auf Basis von 48 Modellen mit 64 % etwas schlechter ausfällt (Bild 8-2 links). Der Optimierungsgrad steigt im Fall des Spektrums 4 für die Verlagerung in Z-Richtung von 55 auf 59 % an. Die zickzackförmige Restverlagerung in Bild 8-8 rechts resultiert aus der direkten Verlagerungsmessung, die eine Korrektur der berechneten Verlagerung erzwingt.

Je höher die Abweichung zwischen der berechneten und der tatsächlichen TCP-Verlagerung ist, desto größer sind die zickzackartigen Sprünge der Restverlagerung.

Im Angesicht des geringen Versuchsaufwandes liefert die Korrektur auf Basis von acht Modellen ein sehr gutes Korrekturergebnis, da die Verlagerungsreduzierung bei keinem der vier Spektren wesentlich geringer ist als unter Verwendung von 48 Modellen.

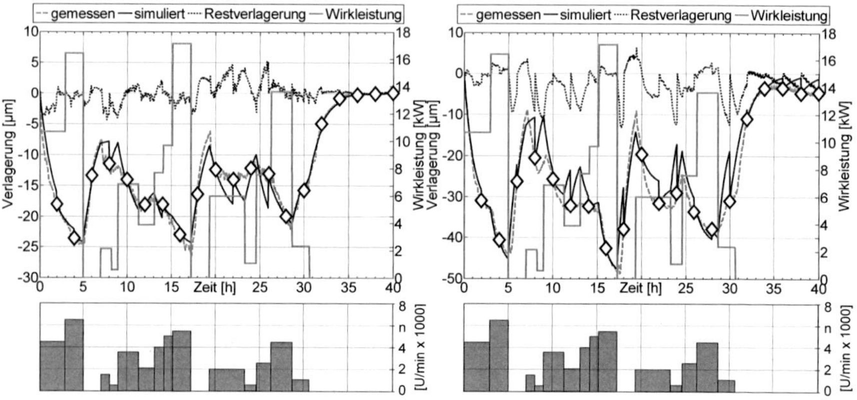

Bild 8-8: Korrekturergebnis in Y- (links) und Z-Richtung (rechts) mit PT1-Gliedern, Abtastung und 8 Modellen, Spektrum 4, T=konst.

Correction result for the Y- (left) and Z-direction (right) by using PT1 elements, direct measurement and 8 models, spectrum 4, T=const.

Im Folgenden wird untersucht, welche Korrekturqualität erreicht werden kann, wenn der Versuchsaufwand weiter reduziert wird. Dementsprechend werden 4 Modelle der Drehzahlstufe 4000 min^{-1} (1 Drehzahlstufe mit jeweils 2 Belastungsstufen: 2 Belastungs- und 2 Abkühlmodelle) zur Korrektur herangezogen. Die beiden für die Korrektur verwendeten Belastungsstufen wurden mit Hilfe der Voruntersuchung in Kapitel 5.3 (Bild 5-8) gewählt. Es handelt sich um die Belastungsstufen 2 und 3 der Drehzahlstufe 4000 min^{-1}. Vier Modelle erfordern zwei Tage für die Versuchsdurchführung.

In Tabelle 8.1 sind die Korrekturergebnisse in Form von Peak-to-Peak-Werten der Restverlagerung in Abhängigkeit vom Spektrum, der Verlagerungsrichtung und der Anzahl der verwendeten Modelle für die indirekt-direkte Korrektur mit PT1-Modellen dargestellt. Der Vergleich der Peak-to-Peak-Amplituden und der daraus resultierenden Optimierungsgrade zeigt, dass auch die Korrektur auf Basis von vier Modellen gute Ergebnisse liefert. Für jedes Belastungsspektrum und beide Richtungen wird durch den Einsatz der vorgestellten Korrekturmethode eine signifikante Verlagerungsreduzierung erzielt. Die geringste Verlagerungsreduzierung wird im Fall des Spektrums 1 in Y-Richtung mit 40 % erreicht, die höchste mit 79 % bei dem gleichen Spektrum in Z-Richtung. Auch bei der Korrektur mit vier PT1-Modellen wird unerwarteterweise in drei Fällen ein besseres Korrekturergebnis erzielt als mit mehr Modellen. Bei Spektrum 1 in Z-Richtung fällt die Verlagerungsreduzierung zunächst von 75 % (48 Modelle) auf 71 % (8 Modelle) und steigt anschließend auf 79 % (4 Modelle) an. Bei den Spektren 2 und 4 wird bei vier Modellen die gleiche Optimierung in Y-Richtung erreicht wie bei 48 Modellen (64 % bzw. 70 %). In Z-Richtung des Spektrums 4 steigt sie von 55 % (48 Modelle) auf 59 % an und fällt anschließend auf 57 % ab. Damit ist die Korrekturqualität allerdings besser als unter der Verwendung von 48 Modellen.

Tabelle 8.1: Peak-to-Peak-Werte der Restverlagerung in Abhängigkeit vom Spektrum und der Anzahl der PT1-Modelle, indirekt-direkte Korrektur, T=konst.

Peak-to-peak values of the residual error subjected to the spectrum and the number of PT1 models, indirect-direct correction, T=const.

		48 Modelle PT1 mit Abtastung [µm]	Opt. [%]	8 Modelle PT1 mit Abtastung [µm]	Opt. [%]	4 Modelle PT1 mit Abtastung [µm]	Opt. [%]
Spektrum 1	Y_{max}	4	70	3	60	3	40
	Y_{min}	-2		-5		-9	
	Z_{max}	3	75	3	71	1	79
	Z_{min}	-10		-12		-10	
Spektrum 2	Y_{max}	4	64	2	73	3	64
	Y_{min}	-4		-4		-5	
	Z_{max}	10	56	9	51	9	49
	Z_{min}	-10		-13		-14	
Spektrum 3	Y_{max}	2	64	4	60	3	56
	Y_{min}	-7		-6		-8	
	Z_{max}	7	63	6	58	8	45
	Z_{min}	-8		-11		-14	
Spektrum 4	Y_{max}	3	70	5	67	2	70
	Y_{min}	-5		-4		-6	
	Z_{max}	8	55	7	59	5	57
	Z_{min}	-14		-13		-16	

Zusammenfassend lässt sich sagen, dass die Kombination der indirekten mit der direkten Korrektur eine Methode darstellt, die es ermöglicht, den Versuchs- und Modellierungsaufwand stark zu reduzieren und gleichzeitig zufriedenstellende Korrekturergebnisse zu erzielen.

Die guten Ergebnisse der indirekt-direkten Korrektur unter annähernd konstanten Umgebungstemperaturbedingungen ($\Delta T=\pm 0{,}5$ °C) werfen die Frage auf, zu welchen Ergebnissen die indirekt-direkte Korrektur unter variablen Umgebungstemperaturbedingungen führt. In Kapitel 7 wurde der Einfluss der Umgebungstemperatur auf die

Bearbeitungsgenauigkeit einer Werkzeugmaschine mit 18 und mit 3 (Y-Richtung) bzw. 6 (Z-Richtung) Temperatursensoren sowohl bei der Modellierung als auch bei der Korrektur des spindellastabhängigen Maschinenverhaltens berücksichtigt. Die Korrektur des Umgebungstemperatureinflusses erfolgte mit statischen künstlichen neuronalen Netzen, den radialen Basisfunktionen. Das heißt, dass die umgebungstemperaturbedingte TCP-Verlagerung nur auf Basis der Umgebungstemperatur ohne Berücksichtigung der Verlagerung berechnet wird. Bei der indirekt-direkten Korrektur werden die direkt gemessenen TCP-Verlagerungen in die zeitdiskrete Übertragungsfunktion im Zeitbereich einbezogen, sie werden also nicht nur als Offset zur Korrektur der berechneten Verlagerung verwendet. Im Fall der Korrektur des Umgebungstemperatureinflusses mit Radialbasisfunktionen ist das Einbeziehen der gemessenen Verlagerungen in die Berechnung der TCP-Verlagerung nicht möglich, weil die Radialbasisfunktionen zur Berechnung der aktuellen TCP-Verlagerung nur die Temperaturen verwenden.

Tabelle 8.2: Peak-to-Peak-Werte der Restverlagerung in Abhängigkeit vom Spektrum bei T≠konst., indirekt-direkte Korrektur; alle Werte in µm, Optimierung in %

Peak-to-peak values of the residual error subjected to the spectrum, T≠const., indirect-direct correction; all values in µm, optimization in %

		48 Modelle PT1 mit Abtastung [µm]	Optimierung [%]	8 Modelle PT1 mit Abtastung [µm]	Optimierung [%]
Spektrum 1	Y_{max}	5	38	5	29
	Y_{min}	-10		-12	
	Z_{max}	9	60	7	60
	Z_{min}	-12		-14	
Spektrum 2	Y_{max}	4	57	4	33
	Y_{min}	-5		-10	
	Z_{max}	10	70	10	56
	Z_{min}	-5		-12	
Spektrum 3	Y_{max}	7	56	2	60
	Y_{min}	-4		-8	
	Z_{max}	12	29	12	29
	Z_{min}	-18		-18	
Spektrum 4	Y_{max}	8	44	6	44
	Y_{min}	-7		-9	
	Z_{max}	12	52	9	58
	Z_{min}	-13		-13	

Aus diesem Grund findet im Folgenden die Korrektur des Umgebungstemperatureinflusses ihren Einsatz lediglich bei der Modellierung des spindellastabhängigen Maschinenverhaltens (3 Temperatursensoren mit einer Verzögerung von 10 Minuten für die Y-Richtung, 6 Temperatursensoren ohne eine Verzögerung für die Z-Richtung), nicht aber bei der Korrektur anhand der vier bekannten Belastungsspektren. Die Position des TCP ist X=-540,800 mm, Y=502,500 mm und Z=-326,065 mm.

In Tabelle 8.2 ist das Ergebnis der indirekt-direkten Korrektur in Abhängigkeit von der Anzahl der verwendeten Modelle, der Verlagerungsrichtung und dem Spektrum bei veränderlicher Umgebungstemperatur zu sehen. Analog zu den bisher präsentierten Ergebnissen wird die Korrekturqualität für beide TCP-Richtungen einerseits mit der Peak-to-Peak-Amplitude der Restverlagerung und andererseits mit der erzielten Verlagerungsreduktion in Prozent angegeben.

Die indirekt-direkte Korrekturmethode auf Basis von Verzögerungsgliedern erster Ordnung liefert auch unter veränderlichen Umgebungstemperaturbedingungen zufriedenstellende Ergebnisse. Bei allen vier Belastungsspektren kann für beide TCP-Richtungen eine erkennbare Optimierung des thermoelastischen Maschinenverhaltens erzielt werden.

Wie erwartet ist das Korrekturergebnis unter Verwendung von 48 Modellen im Durchschnitt besser als auf der Basis von 8 Modellen. Allerdings werden bei Spektrum 3 und 4 mit 8 Modellen bessere Ergebnisse erzielt. Diese sind in Bild 8-9 und Bild 8-10 dargestellt.

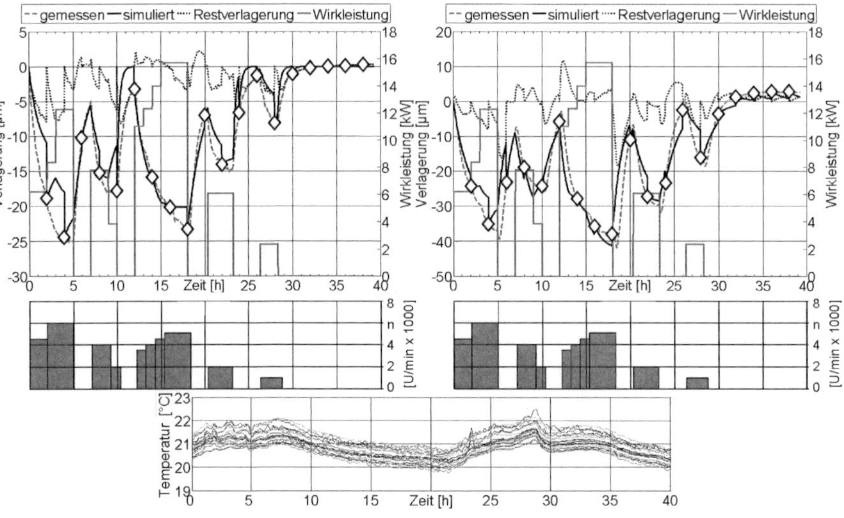

Bild 8-9: Korrekturergebnis in Y- (links) und Z-Richtung (rechts) mit PT1-Gliedern, Abtastung und 8 Modellen, Spektrum 3, T≠konst.

Correction result for the Y- (left) and Z-direction (right) by using PT1 elements, direct measurement and 8 models, spectrum 3, T≠const.

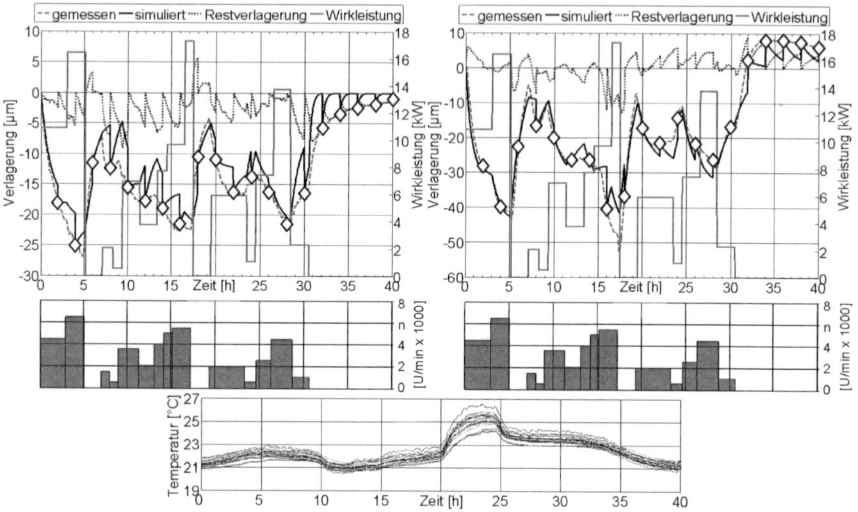

Bild 8-10: Korrekturergebnis in Y- (links) und Z-Richtung (rechts) mit PT1-Gliedern, Abtastung und 8 Modellen, Spektrum 4, T≠konst.

Correction result for the Y- (left) and Z-direction (right) by using PT1 elements, direct measurement and 8 models, spectrum 4, T≠const.

Bei beiden Spektren besteht bis auf wenige Ausreißer eine gute Übereinstimmung zwischen gemessener und simulierter Verlagerung. Es ist zu erkennen, dass die direkte Verlagerungsmessung unterstützend wirkt und eine Divergenz zwischen gemessenen und simulierten Werten verhindert.

Die präsentierten Ergebnisse basieren auf einer direkten Verlagerungsmessung im Zweistundentakt. Ein Werkzeugwechsel wird an einer Werkzeugmaschine im Durchschnitt wesentlich häufiger durchgeführt und bietet eine elegante Möglichkeit, die direkte Verlagerungsmessung durchzuführen, ohne den Bearbeitungsprozess zu unterbrechen. Es kann davon ausgegangen werden, dass eine häufigere Verlagerungsmessung (z.B. bei jedem Werkzeugwechsel) zu besseren Korrekturergebnissen führt.

Das Fazit der Analyse der indirekt-direkten Korrekturergebnisse ist, dass durch die Kombination der direkten Verlagerungsmessung mit der indirekten Korrekturmethode der Versuchs- und Modellierungsaufwand gesenkt und das thermoelastische Maschinenverhalten gleichzeitig optimiert werden kann. Die Reduzierung des Modellierungsaufwandes führt auch im Fall der indirekt-direkten Korrektur nicht zwangsläufig zu schlechteren Korrekturergebnissen. In einigen Fällen wird mit einer geringeren Modellanzahl sogar eine höhere Korrekturqualität erreicht, was die Erkenntnisse aus 5.5 bestätigt.

9 Allgemeingültigkeit der Korrekturmethoden

Generality of the correction methods

Die in Kapitel 5 und 6 gewonnenen Erkenntnisse werden im Folgenden auf ein zweites Bearbeitungszentrum anderer Bauart übertragen, um die Allgemeingültigkeit der vorgestellten Korrekturmethoden zu validieren. Das zweite Bearbeitungszentrum wird im Folgenden Werkzeugmaschine 2 (WZM 2) genannt. Die zuvor untersuchte Beispielmaschine wird als Werkzeugmaschine 1 (WZM 1) bezeichnet.

Die WZM 2 ist ein bezüglich der X-Achse thermosymmetrisches 3-Achsen-Fertigungszentrum in Fahrständerbauweise. Ihre Hauptspindel wird von einem Asynchronmotor über eine Kupplung fremdangetrieben. Der Asynchronmotor der WZM 2 hat eine Leistung von 18 kW und ein Drehmoment von 89 Nm. Die Spindel ist mit einer HSK-A63 Werkzeugschnittstelle ausgestattet. Bei beiden Werkzeugmaschinen werden die Spindeln mit einem Kühlaggregat gekühlt. In Bild 9-1 ist eine Gegenüberstellung der beiden untersuchten Bearbeitungszentren zu sehen.

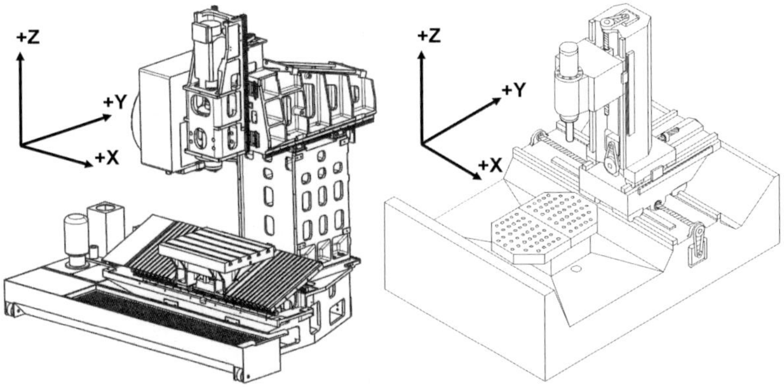

Werkzeugmaschine 1
- Werkzeugschnittstelle: SK-40
- Motorspindel
  - Asynchronmotor in Sternschaltung
  - 20 kW
  - 111 Nm
  - flüssigkeitsgekühlt

Werkzeugmaschine 2
- Werkzeugschnittstelle: HSK-A63
- fremdangetriebene Spindel
  - Asynchronmotor in Sternschaltung
  - 18 kW
  - 89 Nm
  - flüssigkeitsgekühlt

Bild 9-1: Gegenüberstellung der untersuchten Werkzeugmaschinen
Comparison between the investigated machine tools

In Kapitel 9.1 wird zunächst die Korrektur spindellastabhängiger Maschinenverformungen auf Basis von Verzögerungsgliedern und Verzögerungsgliedersummen unter möglichst konstanten Umgebungstemperaturbedingungen ($\Delta T=\pm 1{,}5$ °C) verifiziert. Die bisherige Temperaturschwankung von $\Delta T=\pm 0{,}5$ °C ist im Fall der WZM 2 nicht einzuhalten, da die Maschine aufgrund ihrer Größe nicht im selben Raum untersucht werden kann wie WZM 1.

Die Korrektur umgebungstemperaturbedingter Maschinenverformungen auf Basis von künstlichen neuronalen Netzen analog der Betrachtungen in Kapitel 6 erfolgt in Kapitel 9.2.

9.1 Korrektur spindellastabhängiger Maschinenverformungen

Correction of the spindle load dependent machine tool deformations

Die Modellierung des spindellastabhängigen thermoelastischen Verhaltens der WZM 2 erfolgt analog zur WZM 1 in einer Position des Arbeitsraumes (X=-20, Y=-335, Z=-533). In dieser fest definierten Position wird die Maschine mit einem Drehmoment- und Drehzahlspektrum belastet. In Bild 9-2 ist das Verlagerungsverhalten der WZM 2 infolge einer Belastung mit 6000 U/min und der Belastungsstufe 4 (15,7 kW, 25 Nm) zu sehen. Aufgrund der in X-Richtung thermosymmetrischen Bauweise der WZM 2 und der daraus resultierenden geringen TCP-Verlagerung in X-Richtung (schwarze durchgezogene Linie), werden bei der Korrektur nur die Verlagerungsrichtungen Y und Z betrachtet.

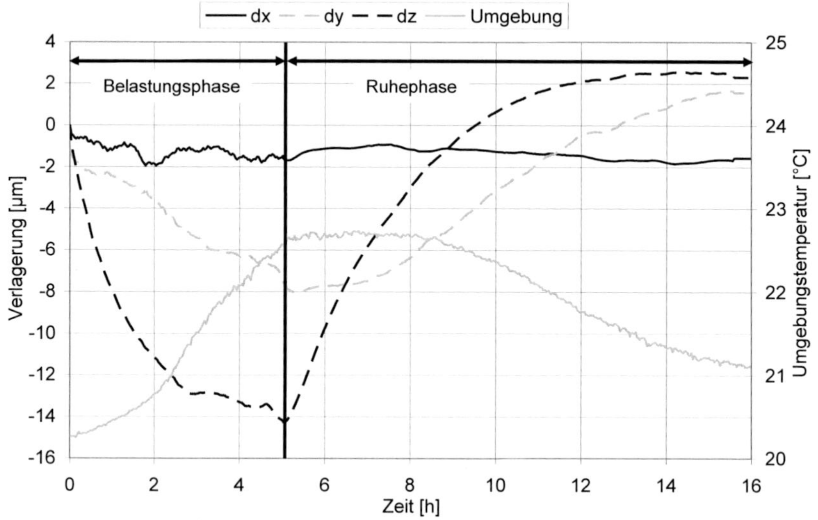

Bild 9-2: Verlagerungsverhalten der WZM 2 bei 6000 U/min, Belastungsstufe 4, T≠konst.
TCP displacement of the machine tool 2 due to 6000 rpm, load level 4, T≠const.

Um geeignete Betriebspunkte für die Korrektur zu wählen, erfolgt analog zum Kapitel 5.2 eine messtechnische Analyse des thermoelastischen Maschinenverhaltens. Zunächst wird die Leistungsgrenze für jede 1000er Drehzahlstufe bestimmt. Bild 9-3 zeigt die maximale Spindelleistung und das dazugehörige Drehmoment in Abhängigkeit von der Drehzahl für die Werkzeugmaschine 2. Der Verlauf der maximalen Leistung weicht geringfügig von den aus der Literatur bekannten Leistungsverläufen ab. Dies liegt am Schutz des Motors vor Überhitzung, der den Motor beim Überschreiten

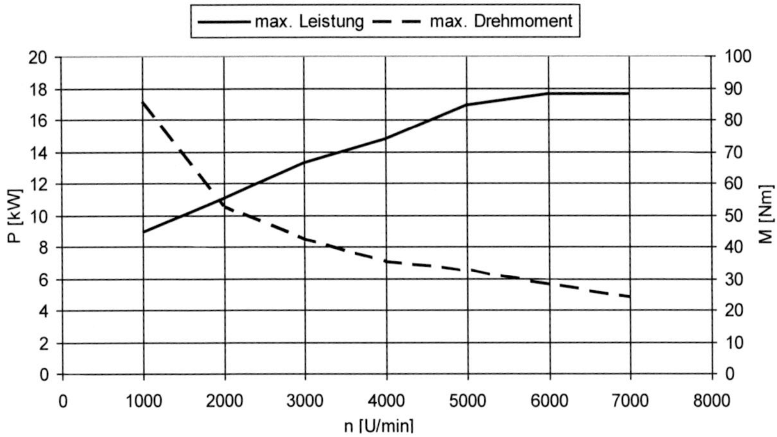

Bild 9-3: Maximale Belastung und das entsprechende Drehmoment in Abhängigkeit von der Drehzahl (WZM 2)

Maximum load and corresponding torque depending on the spindle speed (machine tool 2)

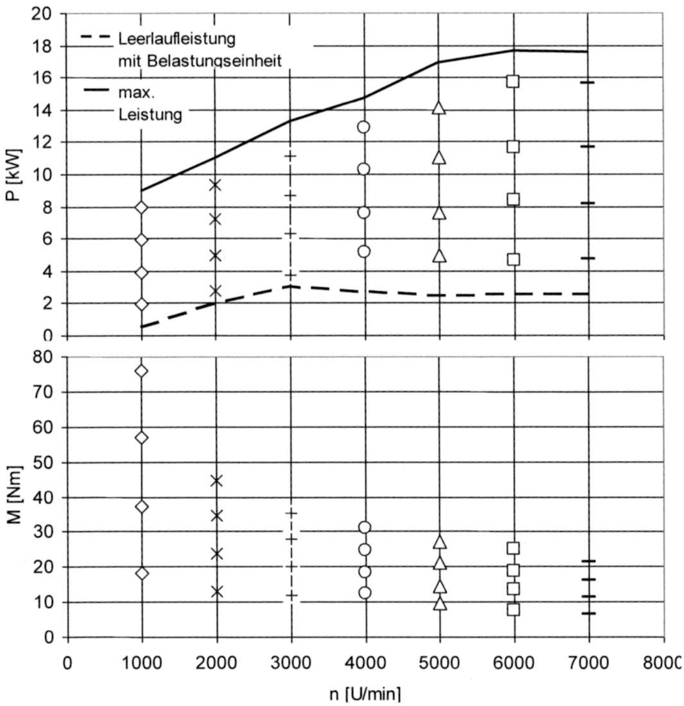

Bild 9-4: Betriebspunkte in Abhängigkeit von den Drehzahl- und Leistungsstufen (WZM 2)

Working points depending on the speed and power levels (machine tool 2)

des vermutlich falsch eingestellten Grenzwertes abschaltet (vgl. S. 43, erster Absatz), wodurch die tatsächliche maximale Leistung nicht erreicht werden kann. Zur Vergleichbarkeit mit WZM 1 wird anschließend das Drehzahlband von 0-7000 min^{-1} betrachtet und in 1000er Schritte unterteilt. Analog zur vorherigen Vorgehensweise werden pro Drehzahlstufe vier Leistungsintervalle festgelegt. Das Ergebnis dieses Vorgehens ist in Bild 9-4 zu sehen. In der oberen Hälfte des Bildes sind die Betriebspunkte in Abhängigkeit von den Drehzahl- und Leistungsstufen dargestellt. Die untere Bildhälfte zeigt die entsprechenden Drehmomente.

Bild 9-5 zeigt exemplarisch das Verformungsverhalten in Z-Richtung für Belastungsstufe 2 und die sieben Drehzahlstufen. Die dazugehörigen Leistungen und Drehmomente können in Bild 9-4 abgelesen werden.

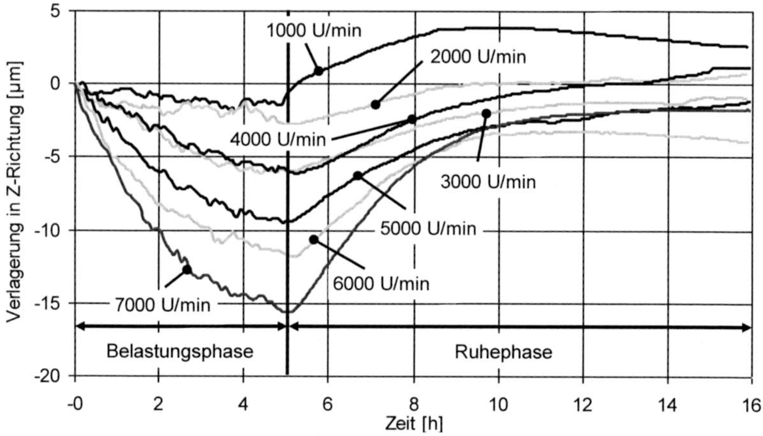

Bild 9-5: TCP-Verlagerung in Abhängigkeit von der Spindeldrehzahl (Belastungsstufe 2)
TCP displacement depending on the spindle speed (load level 2)

Die Verlagerungen bei den Drehzahlstufen 3000 und 4000 min^{-1} bzw. 1000 und 2000 min^{-1} sind in der Belastungsphase sehr ähnlich. In der Ruhephase geht die Verlagerung zurück, erreicht aber im Beharrungszustand nicht den ursprünglichen Wert. Im Fall der Drehzahlstufe 1000 min^{-1} steigt die Verlagerung sogar über den Startwert hinaus. Diese Effekte sind darauf zurückzuführen, dass die Umgebungstemperaturschwankungen während der Untersuchung ±1,5 °C betrugen.

Die Wahl der zu modellierenden Drehzahlstufen fällt trotz der nicht idealen Verlagerungsverläufe auf 2000, 4000, 5000 und 7000 min^{-1}. Damit wird die WZM 2 in 16 Betriebspunkten modelliert.

Die Modellierung des spindellastabhängigen thermoelastischen Maschinenverhaltens der WZM 2 erfolgt im ersten Schritt mit Verzögerungsgliedern erster bis sechster Ordnung und anschließend mit Verzögerungsgliedersummen ebenfalls erster bis sechster Ordnung. In Tabelle 9.1 ist das Ergebnis der Modellierung in Form von

Peak-to-Peak-Werten des Fittingfehlers am Beispiel der Drehzahlstufe 7000 min^{-1} und der Belastungsstufe 4 (15,6 kW, 21,3 Nm) dargestellt.

Tabelle 9.1: Peak-to-Peak-Werte des Fittingfehlers in Abhängigkeit von der Modellordnung am Beispiel des Modells 7000 min^{-1}, Belastungsstufe 4; alle Werte in µm

Peak-to-peak values of the fitting error subjected to the model order using the example of the model 7000 min^{-1}, load level 4; all values in µm

	PT1	PT2	PT3	PT4	PT5	PT6
Y_{max}	1,5	0,5	-0,5	-0,5	2,5	5,0
Y_{min}	-3,5	-1,5	-0,5	-0,5	-3,0	-0,5
Z_{max}	1,5	1,5	1,5	1,5	1,5	2,5
Z_{min}	-0,5	-0,5	-0,5	-0,5	-1,5	-1,5

	PT1+PT1	PT2+PT2	PT3+PT3	PT4+PT4	PT5+PT5	PT6+PT6
Y_{max}	≈0,0	≈0,0	≈0,0	≈0,0	≈0,0	≈0,0
Y_{min}	≈0,0	≈0,0	≈0,0	≈0,0	-0,5	-0,5
Z_{max}	1,0	0,5	0,5	0,5	0,5	1,0
Z_{min}	-1,0	-0,5	-0,5	-0,5	-1,0	-2,0

Die Modellierung liefert im Fall der Drehzahlstufe 7000 min^{-1} und der Belastungsstufe 4 für die untersuchten Modellordnungen folgende Ergebnisse: Mit steigender Modellordnung nimmt die Modellqualität für die Y-/Z-Richtung zunächst zu, wobei mit PT3 und PT4 die besten Ergebnisse erreicht werden. Eine weitere Ordnungssteigerung verschlechtert das Ergebnis. Im Fall des PT6 tritt der größte Fittingfehler auf. Ähnliches ist im Fall der Verzögerungsgliedersummen zu beobachten, mit dem Unterschied, dass die Verzögerungsgliedersummen PT1+PT1, PT2+PT2, PT3+PT3 und

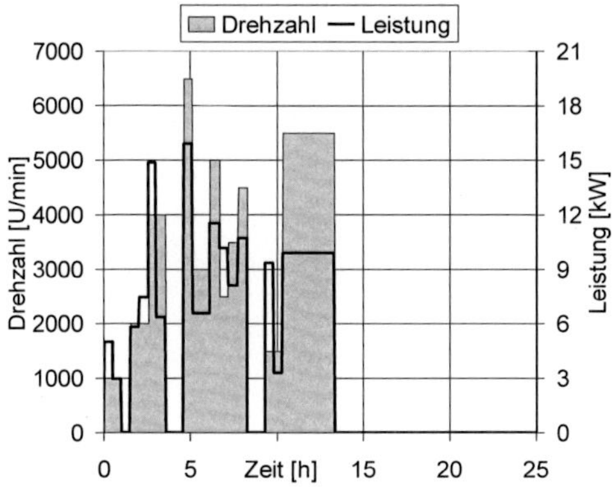

Bild 9-6: Belastungsspektrum der WZM 2

Load spectrum of the machine tool 2

PT4+PT4 für die Y-Richtung ein gleich gutes Ergebnis liefern. Die übrigen zwei Modelle sind geringfügig schlechter. Die Z-Verlagerung wird am besten mit PT2+PT2, PT3+PT3 und PT4+PT4 modelliert.

Zusammenfassend kann festgestellt werden, dass im Fall der WZM 2 mit Verzögerungsgliedersummen eine höhere Modellierungsqualität erreicht wird, auch wenn die Unterschiede zu den einfachen Verzögerungsgliedern sehr gering sind.

Analog zum Vorgehen bei der WZM 1 wird die WZM 2 mit einem Drehzahl- und Leistungsspektrum belastet, um die Korrekturqualität zu verifizieren. Das im Fall der WZM 2 verwendete Belastungsspektrum ist in Bild 9-6 dargestellt.

Tabelle 9.2: Peak-to-Peak-Werte des Fittingfehlers in Abhängigkeit von der Modellordnung am Beispiel des Belastungsspektrums in Bild 9-6; alle Werte in µm

Peak-to-peak values of the fitting error subjected to the model order using the example of the load spectrum showed in Bild 9-6; all values in µm

	PT1	Opt. [%]	PT2	Opt. [%]	PT3	Opt. [%]	PT4	Opt. [%]	PT5	Opt. [%]	PT6	Opt. [%]
Y_{max}	20,0	-82	15,0	-46	22,0	-109	19,0	-82	26,0	-146	24,0	-118
Y_{min}	0,0		-1,0		-1,0		-1,0		-1,0		0,0	
Z_{max}	11,0	23	11,0	23	20,0	-37	18,0	-27	22,0	-47	16,0	-7
Z_{min}	-0,5		-0,5		-0,5		-1,0		0,0		0,0	

	PT1+ PT1	Opt. [%]	PT2+ PT2	Opt. [%]	PT3+ PT3	Opt. [%]	PT4+ PT4	Opt. [%]	PT5+ PT5	Opt. [%]	PT6+ PT6	Opt. [%]
Y_{max}	75,0	-655	2,5	46	3,5	41	3,0	55	3,0	50	3,0	55
Y_{min}	-8,0		-3,5		-3,0		-2,0		-2,5		-2,0	
Z_{max}	13,0	-140	4,0	63	4,0	67	3,5	67	3,5	63	3,0	60
Z_{min}	-23,0		-1,5		-1,0		-1,5		-2,0		-3,0	

Die Ergebnisse der Korrektur mit den Verzögerungsgliedern und Verzögerungsgliedersummen sind in Tabelle 9.2 zu sehen.

Von den Verzögerungsgliedern liefert das PT2 das beste Korrekturergebnis, obwohl die Korrektur in Y-Richtung zu einer Verlagerungsverschlechterung von 46 % führt. In Z-Richtung wird die thermisch bedingte TCP-Verlagerung mit PT2 um 23 % optimiert.

Die Verwendung der Modelle auf Basis von Verzögerungsgliedersummen liefert mit Ausnahme von PT1+PT1 für beide TCP-Richtungen zufriedenstellende Ergebnisse. Die Korrektur mit PT2+PT2 und PT3+PT3 führt im Durchschnitt zu einer Optimierung von 54 % (Y-Richtung: 46 bzw. 41 %, Z-Richtung: 63 bzw. 67 %). Das Optimum der Korrekturqualität wird mit PT4+PT4 erreicht. Dabei wird die TCP-Verlagerung in Y-Richtung um 55 % und in Z-Richtung um 67 % reduziert. Die Verwendung von PT5+PT5 und PT6+PT6 führt zu etwas schlechteren Korrekturergebnissen für beide

Richtungen. Diese sind aber mit 50 bzw. 55 % für die Y-Richtung und 63 bzw. 60 % für die Z-Richtung ebenfalls zufriedenstellend.

In Bild 9-7 ist das Ergebnis der Korrektur auf Basis von PT4+PT4-Modellen dargestellt.

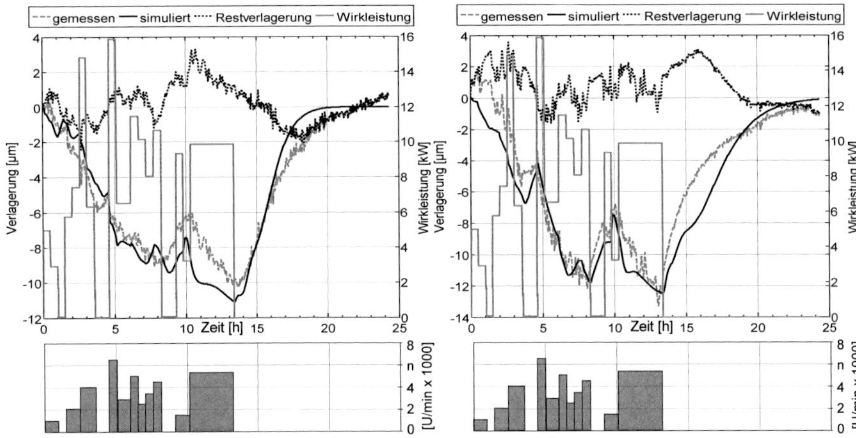

Bild 9-7: Korrektur in Y- (links) und Z-Richtung (rechts) mit PT4+PT4-Modellen, WZM 2

Correction for Y- (left) and Z-direction (right) by using PT4+PT4 models, WZM 2

Im Vergleich zu den Korrekturergebnissen an der WZM 1 fällt die Korrektur im Fall der WZM 2 etwas schlechter aus. Die in Kapitel 5.4.4 beobachteten Abweichungen zwischen den simulierten und den gemessenen Werten treten an der WZM 2 stärker in Erscheinung. Dies liegt vor allem an der Tatsache, dass die thermisch bedingte TCP-Verlagerung der WZM 2 nicht so hoch ist wie im Fall der WZM 1. Die vom Korrekturalgorithmus verursachte Abweichung scheint dadurch größer zu sein als in Kapitel 5.4.4. Die Ursache für die Diskrepanzen zwischen simulierter und gemessener Verlagerung bleibt allerdings nach wie vor unbekannt.

Die Tatsache, dass im Fall der WZM 2 die besten Korrekturergebnisse die Modellierung auf Basis von Verzögerungsgliedersummen PT4+PT4 und nicht auf Basis von PT3-Gliedern liefert, zeigt, dass das thermisch bedingte Verhalten von Bearbeitungszentren unterschiedlicher Bauart nicht mit einem bestimmten, allgemein geltenden Modellansatz beschrieben werden kann. Die Wahl des optimalen Modellierungsansatzes hängt vom untersuchten Bearbeitungszentrum ab und ist nur auf Basis umfangreicher Modellierungsversuche und Korrekturläufe möglich. Wurde dieser Aufwand einmalig betrieben, besteht Potential ähnlich gute Korrekturergebnisse mit einem auf den Maschinentyp abgestimmten Modell zu erzielen, das auf identische Maschinen eines Typs angewendet werden könnte.

Das Auftreten von negativen Optimierungswerten wurde bereits in Kapitel 5.6 (Tabelle 5.5) beschrieben. In Tabelle 9.2 trifft das auf alle Verzögerungsglieder und die Verzögerungsgliedersumme PT1+PT1 zu. Hier liegt keineswegs ein falsches

Vorzeichen in den Modellen oder im Korrekturalgorithmus vor, was am Beispiel der Modelle PT3 und PT1+PT1 gezeigt wird. In Bild 9-8 ist das Ergebnis der Modellierung mit einem PT3 für die Y- und die Z-Richtung bei 5000 min^{-1} und 14 kW zu sehen. Es ist eine sehr gute Übereinstimmung zwischen den gefitteten und den gemessenen Werten zu erkennen. Die Modellierungsergebnisse geben keinen Hinweis auf die schlechte Korrekturqualität.

Das Korrekturergebnis mit PT3-Modellen, das in Bild 9-9 dargestellt ist, zeigt dagegen eine starke Abweichung der simulierten Verlagerung von den gemessenen Werten für beide Richtungen. Die gleiche Beobachtung trifft auf die Modellierung und die Korrektur mit der Verzögerungsgliedersumme PT1+PT1 zu (Bild 9-10 und Bild 9-11).

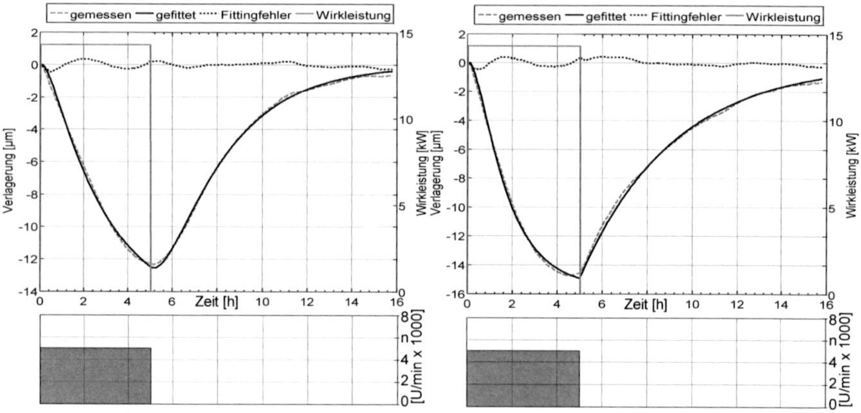

Bild 9-8: PT3-Modell bei 5000 min^{-1} und 14 kW in Y- (links) und Z-Richtung (rechts), WZM 2
PT3 model due to 5000 min^{-1} and 14 kW, Y- (left) and Z-direction (right), WZM 2

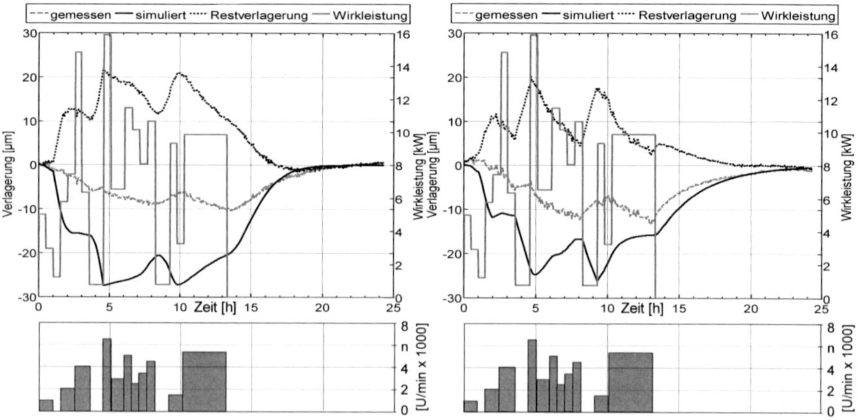

Bild 9-9: Korrektur in Y- (links) und Z-Richtung (rechts) mit PT3-Modellen, WZM 2
Correction for Y- (left) and Z-direction (right) by using PT3 models, WZM 2

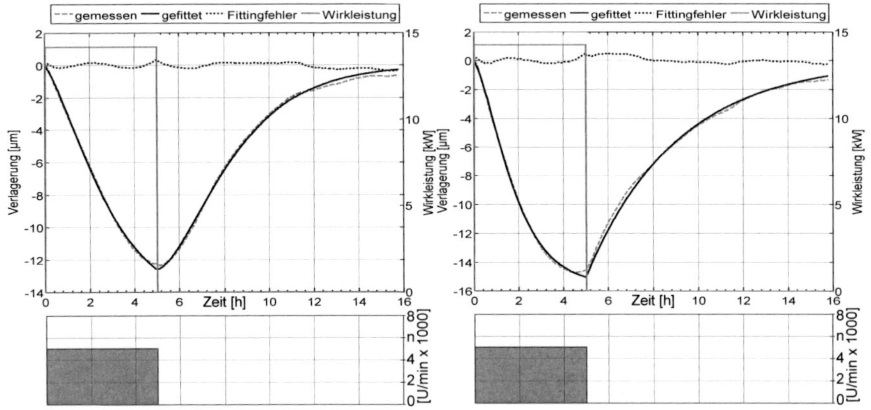

Bild 9-10: PT1+PT1-Modell, 5000 min^{-1}, 14 kW, Y- (links) und Z-Richtung (rechts), WZM 2

PT1+PT1 model, 5000 min^{-1}, 14 kW, Y- (left) and Z-direction (right), WZM 2

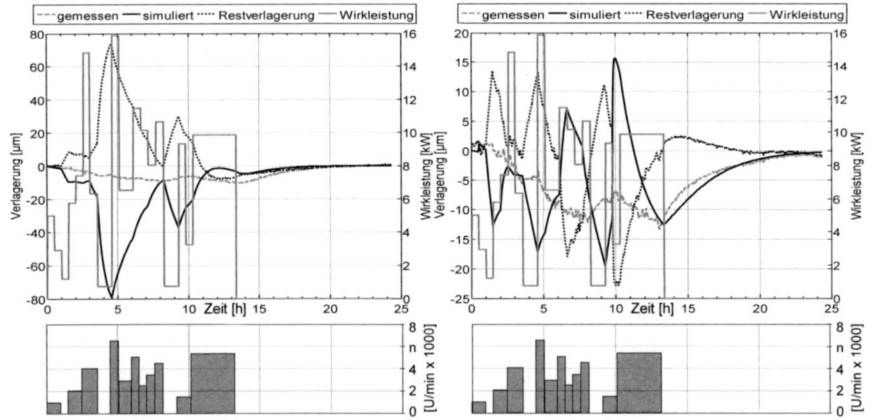

Bild 9-11: Korrektur in Y- (links) und Z-Richtung (rechts) mit PT1+PT1-Modellen, WZM 2

Correction for Y- (left) and Z-direction (right) by using PT1+PT1 models, WZM 2

Die Ursache für die starken Abweichungen zwischen den simulierten und den gemessenen Verlagerungswerten der Modelle PT1 bis PT6 und der Verzögerungsgliedersumme PT1+PT1 kann trotz intensiver Verifikation der parametrierten Modelle und des Korrekturalgorithmus nicht ermittelt werden. Die Erforschung der Ursachen kann in weiteren Untersuchungen außerhalb dieser Arbeit erfolgen.

Das Fazit der Untersuchung an der Werkzeugmaschine 2 ist, dass die Korrektur spindellastabhängiger Maschinenverformungen auf Basis von Verzögerungsgliedern und Verzögerungsgliedersummen grundsätzlich auf andere Maschinen übertragbar ist und zu einer signifikanten Reduzierung der thermisch bedingten TCP-Verlagerung führt. Die Korrekturergebnisse zeigen, dass das thermisch bedingte Verhalten von Bearbeitungszentren unterschiedlicher Bauart nicht mit einem bestimmten, allgemein geltenden Modellansatz beschrieben werden kann. Die Wahl des optimalen Modellierungsansatzes hängt vom untersuchten Bearbeitungszentrum ab und ist nur auf Basis umfangreicher Modellierungsversuche und Korrekturläufe möglich.

9.2 Korrektur umgebungstemperaturabhängiger Maschinenverformungen

Correction of the environmental temperature dependent machine tool deformations

Die Modellierung des umgebungstemperaturabhängigen Verhaltens der WZM 2 erfolgt in der gleichen Position wie in Kapitel 9.1. Ebenfalls in der gleichen Position wird die Maschine einer von der Modellierung unterschiedlichen Temperaturschwankung ausgesetzt, um die Qualität der vorgestellten Korrekturmethode zu bewerten. Da in Kapitel 9.1 die Richtungen Y und Z behandelt wurden, wird der Einfluss der Umgebungstemperatur auch auf diese beiden Verlagerungsrichtungen beschränkt.

Die Ermittlung der optimalen Entfernung der Umgebungstemperatursensoren zur WZM 2 liefert wie zuvor einen Abstand von 1200 mm. Die Position der Sensoren erfolgte wie in Kapitel 6.2 beschrieben, allerdings mit einer Teilung von 300 mm. Basierend auf den Erkenntnissen in Kapitel 6.2 werden für die Korrektur des umgebungstemperaturabhängigen Maschinenverhaltens 18 Temperatursensoren im Umfeld der WZM 2 (gleiche Anordnung wie in Bild 6-2) verwendet. Dabei wird ebenfalls auf eine Zeitverzögerung verzichtet.

Für die beiden Verlagerungsrichtungen Y und Z wird jeweils ein künstliches neuronales Netz auf Basis von Radialbasisfunktionen erstellt. Das Optimum wird analog zur WZM 1 mit der Bedingung in Gleichung (6.5) gesucht. In Bild 9-12 ist das Ergebnis der Netzoptimierung für die Y-Richtung zu sehen. Die Gleichung (6.5) ist für die Y-Richtung bei 11 Neuronen und einem Radius von 8 erfüllt. Der dazugehörige MSE-Wert beträgt für die Modellierung 0,8 μm^2. Für die Validierung liegt er bei 3,7 μm^2. Im Fall der TCP-Verlagerung in Z-Richtung wird das Optimum bei 13 Neuronen und einem Radius von 12 ermittelt. Der MSE-Wert der Modellierung beträgt auch für die Z-Richtung 0,8 μm^2. Für die Validierung ist er dagegen mit 13,2 μm^2 höher als im Fall der Y-Richtung. Dementsprechend wird erwartet, dass das Korrekturergebnis für die Z-Richtung schlechter ist als für die Y-Richtung. Auf die Darstellung der Netzoptimierung für die Z-Richtung wird verzichtet.

In Bild 9-13 und Bild 9-14 ist die Gegenüberstellung der gemessenen und berechneten Verlagerungswerte der Modellierung für die Y- und Z-Richtung dargestellt. Wie im Fall der WZM 1, stellt die Differenz zwischen berechneter und gemessener Verlagerung ein Maß für die Beurteilung der Modellqualität dar.

Der Peak-to-Peak-Wert der Restverlagerung beträgt für die Y-Richtung des Modellierungsdatensatzes ca. 7 µm. Damit ist die Restverlagerung an der WZM 2 im Vergleich zur WZM 1 in der gleichen Größenordnung. Die Restverlagerung für die Z-Richtung liegt bei ca. 8 µm und ist damit im Vergleich zur WZM 1 besser.

Abschließend ist die Modellqualität an einem von der Modellierung abweichenden Datensatz zu validieren. In Bild 9-15 und Bild 9-16 sind die Validierungsergebnisse für die beiden Verlagerungsrichtungen Y und Z zu sehen. Die Peak-to-Peak-Werte der Restverlagerung sind für beide Richtungen etwas höher als im Fall der Modellierung. In Y-Richtung beträgt die Peak-to-Peak-Amplitude ca. 10 µm, in Z-Richtung erreicht sie 12 µm.

Eine Gegenüberstellung der gemessenen mit den simulierten Verlagerungswerten zeigt trotz der auf den ersten Blick hohen Restverlagerungen, dass die TCP-Verlagerung reduziert wird. Im Fall der Y-Richtung fällt die Peak-to-Peak-Verlagerung von ca. 17 µm (Bild 9-15) auf ca. 10 µm. Für die Z-Richtung (Bild 9-16) fällt die Peak-to-Peak-Verlagerung von ca. 20 µm auf ca. 12 µm.

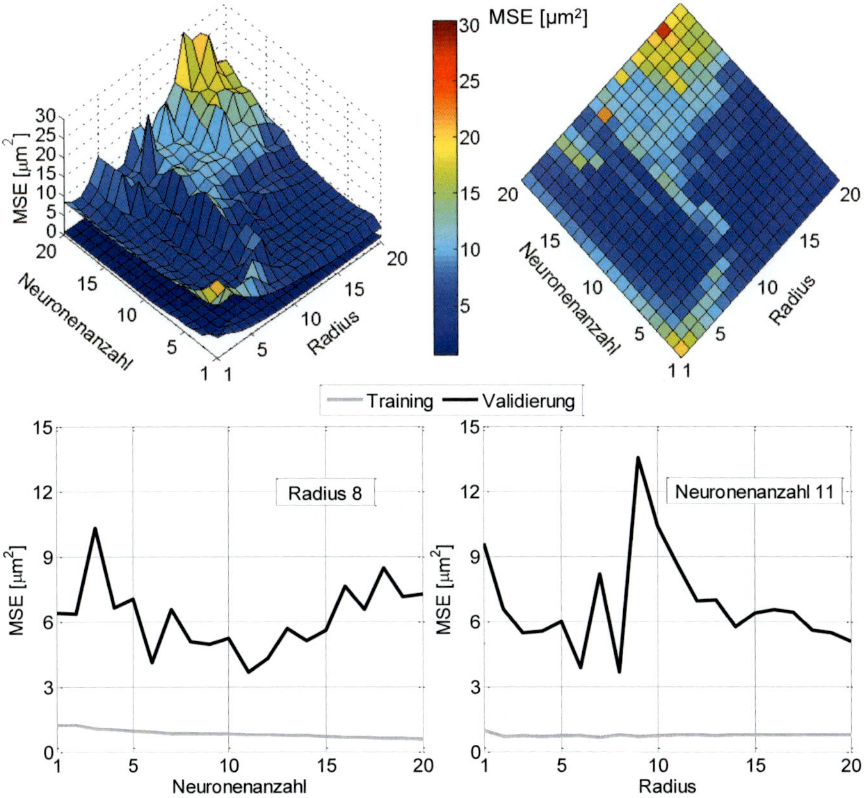

Bild 9-12: MSE-Werte in Abhängigkeit von der Neuronenanzahl und dem Radius für den Modellierungs- und Validierungsdatensatz, Y-Richtung, WZM 2

MSE values depending on the number of neurons and the spread for the training and validation data set, Y-direction, WZM 2

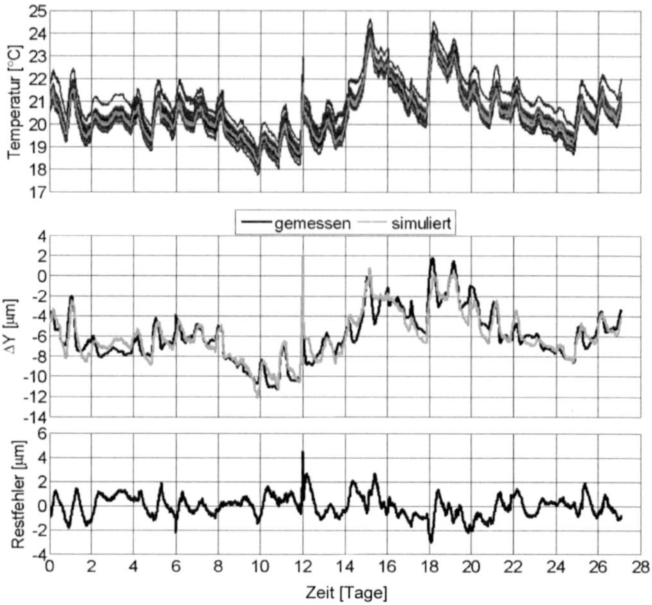

Bild 9-13: Modellierungsergebnis für die Y-Richtung, 18 Temperatursensoren, WZM 2

Modeling result for the Y-direction, 18 temperature sensors, WZM 2

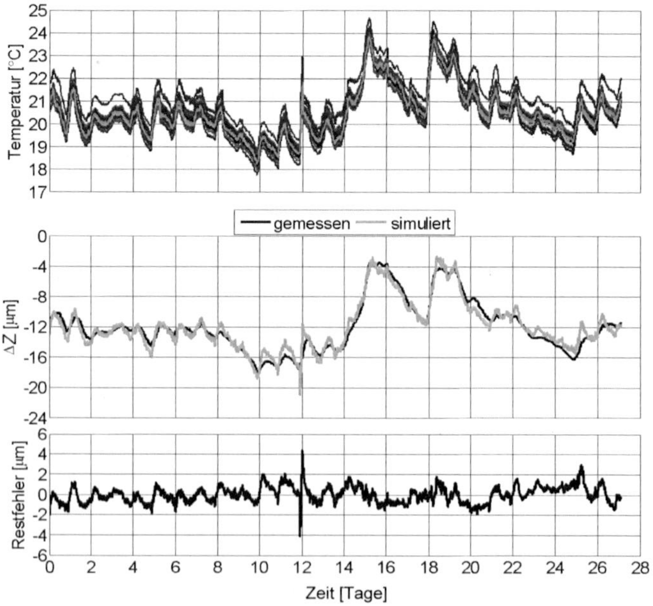

Bild 9-14: Modellierungsergebnis für die Z-Richtung, 18 Temperatursensoren, WZM 2

Modeling result for the Z-direction, 18 temperature sensors, WZM 2

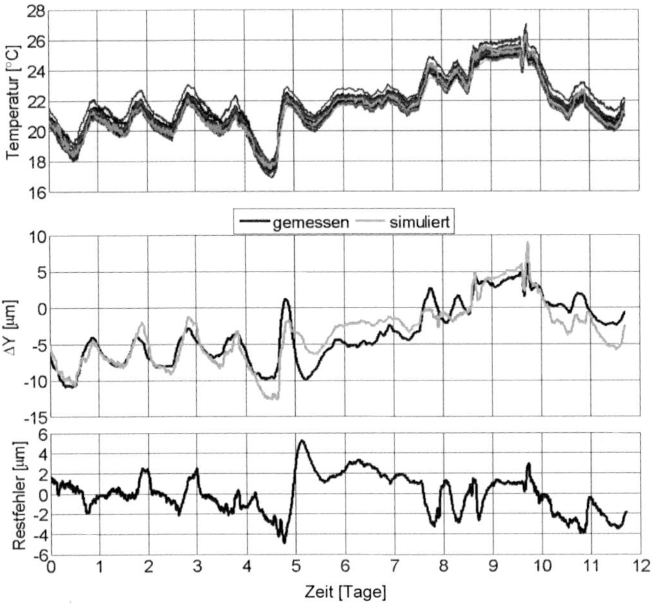

Bild 9-15: Validierungsergebnis für die Y-Richtung, 18 Temperatursensoren, WZM 2

Validation result for the Y-direction, 18 temperature sensors, WZM 2

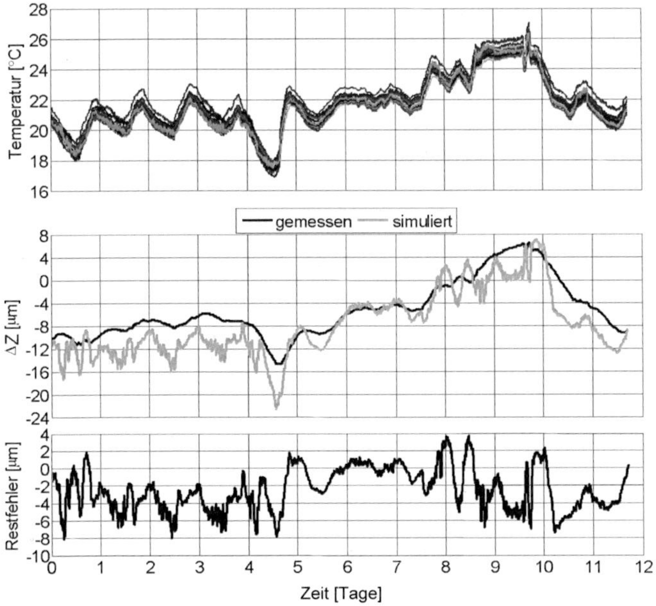

Bild 9-16: Validierungsergebnis für die Z-Richtung, 18 Temperatursensoren, WZM 2

Validation result for the Z-direction, 18 temperature sensors, WZM 2

Zusammenfassend kann gesagt werden, dass die vorgestellte Korrekturmethode auf Basis von Radialbasisfunktionen den Einfluss der Umgebungstemperatur auf das thermoelastische Verhalten einer Werkzeugmaschine korrigieren kann. Allerdings hat die Korrektur ihre Grenzen. Im Fall der Werkzeugmaschine 2 ist der vom KNN verursachte Restfehler für beide TCP-Richtungen in ähnlicher Größenordnung wie die spindellastbedingte Verlagerung (vgl. Bild 9-7, Bild 9-15 und Bild 9-16). Folglich wird auf die Kombination der Korrektur des Umgebungstemperatureinflusses mit der Korrektur spindellastbedingter Verlagerungen verzichtet, da in diesem Fall keine signifikante Optimierung der Gesamtverlagerung erkennbar ist.

Abschließend ist festzuhalten, dass sowohl die Korrektur spindellastabhängiger Maschinenverformungen auf Basis von Verzögerungsgliedern und Verzögerungsgliedersummen als auch die Korrektur des Umgebungstemperatureinflusses auf Basis von Radialbasisfunktionen auf andere Maschinen übertragbar ist. Beide Methoden reduzieren erkennbar die thermisch bedingten TCP-Verlagerungen. Zu beachten sind jedoch die modellspezifischen Grenzen. Die Korrekturmodelle lassen sich bevorzugt an den Maschinen anwenden, die eine hohe TCP-Verlagerung aufweisen und bei denen die spindellastbedingte Verlagerung wesentlich höher ist als die Verlagerung infolge der Umgebungstemperaturschwankungen.

10 Zusammenfassung und Ausblick

Im Rahmen dieser Arbeit wurden aus den messtechnischen Untersuchungen eines Bearbeitungszentrums steuerungsinterne Methoden zur indirekten Korrektur spindellast- und umgebungstemperaturbedingter thermoelastischer Einflüsse auf die Bearbeitungsgenauigkeit einer Fräsmaschine abgeleitet und analysiert.

Im Stand der Technik wurde zunächst ein Überblick über die heute genutzten Methoden zur indirekten Korrektur thermoelastischer TCP-Verlagerungen (TCP: Tool Center Point) von Werkzeugmaschinen gegeben. Es wurde eine Einteilung der indirekten Korrekturmethoden in drei Hauptgruppen vorgenommen: Korrektur auf Basis von Temperaturen, Korrektur auf Basis von Steuerungsdaten und Korrektur auf Basis von Mischgrößen und Bauteildehnungen. Diese Methoden wurden diskutiert und sofern es möglich war hinsichtlich ihrer Effizienz bewertet.

Basierend auf dem aus dem Stand der Technik resultierenden Forschungsbedarf und den messtechnischen Untersuchungen wurde in Kapitel 4 ein neuartiges Prinzip zur steuerungsinternen Korrektur thermoelastischer TCP-Verlagerungen vorgestellt. Dabei wurde zwischen dem thermoelastischen Einfluss durch die Spindellast und dem Einfluss durch die Umgebungstemperatur unterschieden. Die spindellastbedingten thermoelastischen Einflüsse wurden auf Basis von den Steuerungsdaten Drehzahl und Wirkleistung der Hauptspindel, erfassbar ohne externe Sensorik, korrigiert. Der Einfluss der Umgebungstemperatur wurde auf Basis von Lufttemperaturmessungen im Umfeld der Werkzeugmaschine korrigiert.

Für die messtechnische Untersuchung der Werkzeugmaschine unter zerspanungsähnlichen und annähernd konstanten Umgebungstemperaturbedingungen wurde eine Belastungseinheit entwickelt, die eine gezielte, definierte und reproduzierbare Belastung einer Hauptspindel ermöglicht. Die Analyse des thermoelastischen spindellastbedingten Maschinenverhaltens legte für die mathematischen Modelle Verzögerungsglieder und Verzögerungsgliedersummen zugrunde. Nach der Modellierung des thermoelastischen Maschinenverhaltens erfolgte in Kapitel 5.4.4, ebenfalls unter annähernd konstanten Umgebungstemperaturbedingungen, eine Verifikation der Korrekturmethode mit Drehzahl- und Leistungsspektren. Diese ergab im Fall der untersuchten Werkzeugmaschine, dass die Modellierung mit einem PT3-Ansatz die besten Korrekturergebnisse liefert. Die TCP-Verlagerung wurde in Y-Richtung um bis zu 70 % und in Z-Richtung um bis zu 83 % reduziert. Es wurde gezeigt, dass der vorgestellte Korrekturansatz sehr robust ist und selbst nach 40 Stunden keine Divergenz zwischen gemessener und simulierter TCP-Verlagerung auftritt.

In Kapitel 5.5 wurde der Versuchs- und Modellierungsaufwand reduziert. Die Untersuchung der Korrekturqualität zeigte dabei, dass es grundsätzlich möglich ist, den Versuchs- und Modellierungsaufwand signifikant zu reduzieren und gleichzeitig akzeptable Korrekturergebnisse zu erhalten. Die Voraussetzung dafür ist allerdings die Wahl geeigneter Betriebspunkte für die Modellierung des thermoelastischen Maschinenverhaltens. Unerwarteterweise geht die Reduktion der Modellanzahl nicht zwangsläufig mit einer Verschlechterung der Korrekturqualität einher.

Die Ergebnisse der durchgeführten Langzeitmessungen in Kapitel 6.1 zeigten die hohe Komplexität des thermoelastischen Maschinenverhaltens infolge des Umgebungstemperatureinflusses. Obwohl ein eindeutiger Zusammenhang herausgestellt werden kann, stoßen die bisherigen Modellierungsansätze hier an ihre Grenzen, weshalb eine Korrektur mit Hilfe von künstlichen neuronalen Netzen untersucht wurde. Da die Korrektur umgebungstemperaturbedingter TCP-Verlagerungen auf Basis von Temperaturmessungen im Umfeld der Werkzeugmaschine erfolgte, wurde zunächst der optimale Abstand der Temperatursensoren zur Werkzeugmaschine ermittelt.

Im Rahmen dieser Arbeit wurden drei Architekturen künstlicher neuronaler Netze betrachtet und hinsichtlich ihrer Eignung für die Korrektur des umgebungstemperaturbedingten thermoelastischen Maschinenverhaltens untersucht. Der Vergleich der Korrekturqualität und der Trainingsdauer zwischen den drei Netzarchitekturen bestätigte die Eignung der radialen Basisfunktionen für die Korrektur umgebungstemperaturabhängiger Maschinenverformungen. Es wurde gezeigt, dass die Berücksichtigung der zeitlichen Verzögerung zwischen der Temperaturänderung als Ursache und der TCP-Verlagerung als Wirkung nicht zwangsläufig zu besseren Korrekturergebnissen führt. Um die Korrektur des Umgebungstemperatureinflusses auf Basis von Lufttemperaturmessungen für reale Applikationen interessanter zu gestalten, wurde die Anzahl der verwendeten Temperatursensoren reduziert. Die Reduktion auf insgesamt sechs Temperatursensoren lieferte gute Korrekturergebnisse. Die erstellten Modelle wurden mit Hilfe von Umgebungstemperaturvariationen erfolgreich verifiziert.

Die ganzheitliche Betrachtung des thermischen Verhaltens des Bearbeitungszentrums erforderte in Kapitel 7 die Zusammenführung der Korrektur spindellastbedingter mit der Korrektur umgebungstemperaturabhängiger thermoelastischer Strukturverformungen. Das Fazit dieser Zusammenführung ist, dass die Synthese der abgeleiteten Korrekturansätze mit wenigen Ausnahmen das thermisch bedingte Verhalten des untersuchten Bearbeitungszentrums optimiert. Die Optimierung durch die Verwendung der Korrektur umgebungstemperaturabhängiger thermoelastischer Maschinenverformungen ist allerdings nicht so deutlich wie durch die Verwendung der Korrektur spindellastbedingter TCP-Verlagerungen. Dementsprechend wurde in Kapitel 8 die indirekte mit der direkten Korrektur kombiniert, um eine weitere Verlagerungsreduzierung bei einem gleichzeitig geringeren Modellierungsaufwand zu erzielen. Die Analyse der indirekt-direkten Korrekturergebnisse ergab, dass durch die Kombination der direkten Verlagerungsmessung mit der indirekten Korrekturmethode der Versuchs- und Modellierungsaufwand gesenkt und das thermoelastische Maschinenverhalten gleichzeitig optimiert werden kann.

In Kapitel 9 wurde die Übertragbarkeit der Korrekturmethoden auf ein zweites Bearbeitungszentrum anderer Bauart untersucht. Im Vergleich zum ersten Bearbeitungszentrum lieferte die Korrektur des spindellastabhängigen Verhaltens auf Basis von Verzögerungsgliedersummen die besten Ergebnisse. Das Optimum der Korrekturqualität wurde mit der Verzögerungsgliedersumme PT4+PT4 erreicht, wobei die Modellierung von Beginn an auf lediglich vier Drehzahlstufen und damit 16 Betriebspunkten basierte. Dabei wurde die TCP-Verlagerung in Y-Richtung um 55 % und in Z-Richtung um 67 % reduziert. In Anbetracht der Tatsache, dass sowohl die Modellierung als auch die Erprobung der Korrekturmethode am zweiten Bearbeitungszentrum unter nicht optimalen Umgebungstemperaturbedingungen erfolgte, wird das Ergebnis als zufriedenstellend bewertet. Die Korrektur des Umgebungstemperatureinflusses auf Basis von Radialbasisfunktionen führte im Fall des zweiten Bearbeitungszentrums ebenfalls zu einer Optimierung des thermoelastischen Verhaltens. Allerdings hat die Korrektur ihre Grenzen. Der vom künstlichen neuronalen Netz verursachte Restfehler ist in ähnlicher Größenordnung wie die spindellastbedingte Verlagerung. Die Erprobung der Korrekturmethoden am zweiten Bearbeitungszentrum zeigt, dass die Korrekturmodelle sich bevorzugt an den Maschinen anwenden lassen, die eine hohe TCP-Verlagerung aufweisen und bei denen die spindellastbedingte Verlagerung wesentlich höher ist als die Verlagerung infolge der Umgebungstemperaturschwankungen. Die Übertragbarkeit der aufgezeigten Korrekturmethoden auf grundsätzlich andere Maschinenstrukturen, wie z.B. Maschinenportale, kann in weiteren Untersuchungen außerhalb dieser Arbeit verifiziert werden.

Der im Rahmen dieser Arbeit abgeleitete Korrekturansatz kann in Zukunft auf andere thermische Einflüsse innerhalb einer Werkzeugmaschinenstruktur wie Kühlung, Belastung linearer Achsen etc. erweitert werden. Die Korrektur der thermoelastischen TCP-Verlagerungen, verursacht beispielsweise durch die Achsbelastung, kann auf Grundlage der Erfassung des Vorschubes und der Wirkleistung der Linearantriebe erfolgen. Ein mögliches Ziel zukünftiger Forschungsarbeiten kann in der Kombination der einzelnen Einflüsse mit der Korrektur im gesamten Arbeitsraum, unter Einbeziehung des Prozesses, des Kühlschmierstoffs und der Späne liegen.

Summary and Outlook

Within the scope of this dissertation, deduced from a metrological investigation of a milling machine, innovative control based methods for the correction of thermo-elastic influences on the machining accuracy were analyzed. These influences are the main spindle and the ambient temperatures.

The presented state of the art gave a review of today`s practiced methods of indirect correction for thermo-elastic TCP (Tool Center Point) displacements of machine tools. All methods were classified in three main groups: correction based on temperatures, correction based on NC data and correction based on mixed input variables and component elongation. The presented methods were discussed and benchmarked as far as possible regarding their efficiency and industrial suitability.

Based on the need for research resulting from the state of the art, a new method of indirect correction for thermo-elastic TCP displacements was presented in chapter 4. It operates with NC data. The thermal influence of the spindle as well as the influence of the ambient temperature was considered separately. The thermo-elastic TCP displacement due to spindle load was corrected by using speed and effective power of the spindle without any external sensors. The displacement due to ambient temperature changes was corrected by using temperature values of the air surrounding the machine tool.

The investigation of thermal behavior of a machine tool under conditions related to heavy machining and almost constant temperature required development and design of a load test rig. It makes a systematic, defined and repeatable load of the main spindle possible. By analyzing the thermal behavior of the machine tool due to spindle load, it was possible to use time delay elements and their combination as a basis for mathematical models. Following the modeling of the thermo-elastic machine tool behavior, the deduced correction method was verified in chapter 5.4.4 by using spindle speed and load spectra. During the verification, the temperature conditions were almost constant. In accordance with the results, a model using a third order time delay element offers the best correction performance for the investigated machine tool. The TCP displacement in the Y-direction was reduced by 70 %, in the Z-direction by 83 %. Furthermore, it was proven that the developed correction method is robust. After 40 hours of correction, there is no divergence between the measured and the simulated TCP displacement.

In chapter 5.5, the experimental and modeling effort was reduced. According to the resulting correction results, it is basically possible to reduce the experimental and modeling effort significantly by achieving acceptable correction results at the same time. However, the premise is the choice of adequate working points for modeling of the thermo-elastic behavior. Unexpectedly, the reduction of the experimental and modeling effort do not result inevitably in a worse correction quality.

In chapter 6.1, the results of the long-term measurements pointed out the high complexity of the thermo-elastic machine tool behavior due to ambient temperature changes. Although a clear coherence can be emphasized, the present modeling approaches reach their limits. Hence, a correction method based on artificial neural networks was investigated. The correction of the thermo-elastic TCP displacements due to ambient temperature changes uses air temperature measurements surrounding the machine tool. Therefore, an optimal distance of the sensors to the machine tool was determined first.

Within the scope of this work, three architectures of artificial neural networks were considered and investigated regarding their suitability for the correction of thermo-elastic machine tool behavior due to ambient temperature changes. The comparison of the correction performance and training time between all three networks confirmed the suitability of radial basis functions for correction of thermo dependent ambient influences on the machining accuracy of machine tools. According to the results, it was proved that the consideration of a delay between temperature as a cause and TCP displacement as an effect does not lead necessarily to better correction results. Also in the case of the correction due to ambient temperature changes, the number of temperature sensors was reduced. This was in order to increase the industrial suitability. A reduction to six temperature sensors offered good correction results. The created models were successfully verified by using a set of different ambient temperature variations.

A holistic view on the thermo-elastic behavior of the investigated machining center in chapter 7 required the synthesis of both correction methods, the correction of structural distortions due to spindle load as well as ambient temperature changes. The conclusion of the combination of both methods is that the synthesis optimizes the thermal behavior of the investigated machine tool in the majority of cases. However, the correction of the thermal behavior due to ambient temperature changes does not achieve such good results as the correction of the influence due to spindle load. Accordingly, the indirect correction method was combined with the direct correction in chapter 8 in order to increase the correction quality and to decrease the modeling effort at the same time. The analysis of the results showed that the combination between indirect and direct correction can decrease the modeling effort and optimize the thermal behavior of a machine tool at the same time.

In chapter 9, the applicability of the correction methods in a second machine tool center with a different design was analyzed. In comparison with the first machine tool center, the thermo-elastic TCP displacement due to spindle load could be corrected best by using a sum of time delay elements. Throughout the whole modeling process, the modeling based upon four spindle speed levels. Accordingly, 16 working points were used. The optimum performance was reached by using a sum of two PT4 elements. As a result, the TCP displacement in the Y-direction was reduced by 55 %, in the Z-direction by 67 %. In consideration of the fact that in case of the second machine tool center the modeling and the testing of the correction method were carried out under not optimal temperature conditions the result of the correction is satisfying. The correction of the TCP displacement due to ambient temperature changes on base of radial basis functions also led to an optimization of the thermo-elastic behavior. However, there are limits in the functionality of the presented correction methods. The residual displacement caused by the artificial neural network is in a similar order to the displacement due to spindle load. By preference, the correction methods should be applied in machine tool centers with a high TCP displacement. Thereby, the displacement due to spindle load should be higher than the displacement due to ambient temperature changes. The applicability of the presented correction methods in machine tools of basically different design (for example gantry) can be subjected to further investigations beyond the scope of this dissertation.

In the future, the developed correction methods can be used for the optimization of thermal behavior of machine tools due to other effects such as cooling, axis load, etc. For example, the TCP displacement due to axis load can be corrected on the basis of feed and power of the drives. The objective of future work can be the combination of the particular thermal effects and their correction in the whole working space with the inclusion of the machining process, coolant and chips.

11 Literaturverzeichnis

References

[ABEL09] Abel, D.: *Mess- und Regelungstechnik und Ergänzungen (Höhere Regelungstechnik) : Umdruck zur Vorlesung.* 33. Aufl. Aachen : Verlagshaus Mainz, 2009. – ISBN 3-8107-0067-3

[AHN99] Ahn, K. G.; Cho, D. W.: *In-Process Modeling and Estimation of Thermally Induced Errors of a Machine Tool During Cutting.* In: *The International Journal of Advanced Manufacturing Technology* 15 (1999), Nr. 4, S. 299–304

[ATTI99] Attia, M. H.; Fraser, S.: *A generalized modeling methodology for optimized real-time compensation of thermal deformation of machine tools and CMM structures.* In: *International Journal of Machine Tools and Manufacture* 39 (1999), Nr. 6, S. 1001–1016

[BONS99] Bonse, R.: *Thermisches Last-Verformungsverhalten von Werkzeugmaschinen.* Dissertation RWTH Aachen. Aachen : Shaker, 1999 (Berichte aus der Produktionstechnik 14). – ISBN 3826561023

[BREC04] Brecher, C.; Hirsch, P.; Weck, M.: *Compensation of Thermo-elastic Machine Tool Deformation Based on Control internal Data.* In: *CIRP Annals - Manufacturing Technology* 53 (2004), Nr. 1, S. 299–304

[BREC10] Brecher, C.; Wissmann, A.; Klein, W.: *Thermisch bedingtes Verformungsverhalten von Fräsmaschinen : Einfluss der Umgebungstemperatur versus Einfluss der Spindelbelastung.* In: *VDI-Z Integrierte Produktion* 152 (2010), Nr. 9, S. 78–81

[BRÜS85] Brüstle, M.: *Beitrag zur adaptiven Verbesserung der Arbeitsgenauigkeit von CNC-Werkzeugmaschinen durch mikroprozessor - gestützte Istwertmodifikation.* Dissertation. Hamburg, UniBw Hamburg. Dissertation. 1985

[BRYA90] Bryan, J.: *International Status of Thermal Error Research (1990).* In: *CIRP Annals - Manufacturing Technology* 39 (1990), Nr. 2, S. 645–656

[BRYA68] Bryan, J. B.: *International Status of Thermal Error Research.* In: *Annals of the CIRP* 16 (1968), Nr. 2, S. 203–215

[CHAN09] Chang, C.-F. et al.: A Theory of Ball-screw Thermal Compensation. In: Ao, S. I. (Hrsg.): *International MultiConference of Engineers and Computer Scientists, IMECS 2009.* 18 - 20 March, 2009, Regal Kowloon Hotel, Kowloon, Hong Kong. Hong Kong : IAENG, 2009 (Lecture notes in engineering and computer science). – ISBN 978-988-170127-5

[CHEN95a] Chen, J. S.; Chiou, G.: *Quick testing and modeling of thermally-induced errors of CNC machine tools.* In: *International Journal of Machine Tools and Manufacture* 35 (1995), Nr. 7, S. 1063–1074

[CHEN96a] Chen, J. S.; Yuan, J.; Ni, J.: *Thermal error modeling for real-time error compensation.* In: *The International Journal of Advanced Manufacturing Technology* 12 (1996), Nr. 4, S. 266–275

[CHEN96b] Chen, J. S.; Ling, C. C.: *Improving the machine accuracy through machine tool metrology and error correction.* In: *The International Journal of Advanced Manufacturing Technology* 11 (1996), Nr. 3, S. 198–205

[CHEN95b] Chen, J.-S.: *Computer-aided accuracy enhancement for multi-axis CNC machine tool.* In: *International Journal of Machine Tools and Manufacture* 35 (1995), Nr. 4, S. 593–605

[CHEN96c] Chen, J.-S.: *A study of thermally induced machine tool errors in real cutting conditions.* In: *International Journal of Machine Tools and Manufacture* 36 (1996), Nr. 12, S. 1401–1411

[CHEN96d] Chen, J.-S.: *Neural network-based modeling and error compensation of thermally-induced spindle errors.* In: *The International Journal of Advanced Manufacturing Technology* 12 (1996), Nr. 4, S. 303–308

[CHEN03] Chen, J.-S.; Hsu, W.-Y.: *Characterizations and models for the thermal growth of a motorized high speed spindle.* In: *International Journal of Machine Tools and Manufacture* 43 (2003), Nr. 11, S. 1163–1170

[CREI10] Creighton, E. et al.: *Analysis of thermal errors in a high-speed micro-milling spindle : Design of Ultraprecision and Micro Machine Tools and their Key Enabling Technologies.* In: *International Journal of Machine Tools and Manufacture* 50 (2010), Nr. 4, S. 386–393

[DELB06] Delbressine, F. L. M. et al.: *Modeling thermomechanical behaviour of multi-axis machine tools.* In: *Precision engineering* 30 (2006), Nr. 1, S. 47–53

[DEMU07] Demuth, H.; Beale, M.; Hagan, M.: *Neural Network Toolbox 5 : User's Guide.* Natick, MA, 2007

[DENK07] Denkena, B.; Scharschmidt, K. H.: *Kompensation thermischer Verlagerungen : Berechnung thermischer Verformungen von Werkzeugmaschinen auf Basis von Temperaturmessungen.* In: *wt Werkstattstechnik online* 97 (2007), Nr. 11-12, S. 913–917

[DENK09] Denkena, B.; Scharschmidt, K.-H.: *Modellbasierte Temperaturkompensation für Werkzeugmaschinen.* In: *Zeitschrift für wirtschaftlichen Fabrikbetrieb* 104 (2009), Nr. 9, S. 698–702

[DIN V 8602 Teil 1] DIN, V 8602 Teil 1: *Verhalten von Werkzeugmaschinen unter statischer und thermischer Beanspruchung*

[DIN V 8602 Teil 2] DIN, V 8602 Teil 2: *Verhalten von Werkzeugmaschinen unter statischer und thermischer Beanspruchung*

[DIN V 8602 Teil 3] DIN, V 8602 Teil 3: *Verhalten von Werkzeugmaschinen unter statischer und thermischer Beanspruchung*

[DITT04] Dittmar, R.; Pfeiffer, B.-M.: *Modellbasierte prädiktive Regelung : Eine Einführung für Ingenieure.* München, Wien : Oldenbourg, 2004. – ISBN 3-486-27523-2

[DU02] Du, Z. C. et al.: *Modeling approach of regression orthogonal experiment design for the thermal error compensation of a CNC turning center.* In: *Journal of Materials Processing Technology* 129 (2002), Nr. 1-3, S. 619–623

[FAN95] Fan, K. C.; Hung, K. Y.: Error Compensation of Spindle Expansion by Cutting Model on a Machining Center. In: *Proceedings of the thirty-first International MATADOR Conference : Held in Manchester 20th-21st April 1995.* 1. publ. Manchester : Department of Mechanical Engineering University of Manchester Institute of Science and Technology in association with Macmillan, 1995. – ISBN 0-333-64086-1, S. 269–275

[GERD04] Gerdes, I.; Klawonn, F.; Kruse, R.: *Evolutionäre Algorithmen : Genetische Algorithmen - Strategien und Optimierungsverfahren - Beispielanwendungen ; [mit Online-Service zum Buch].* 1. Aufl. Wiesbaden : Vieweg, 2004 (Computational intelligence). – ISBN 3528055707

[GROß06a] Großmann, K.; Jungnickel, G.: Anwendungsbeispiele zur Korrektur thermischer Verformungen unter Berücksichtigung der Prozesseinflüsse. In: Großmann, Knut (Hrsg.): *Tagungsband zum 11. Dresdner Werkzeugmaschinen-Fachseminar : Aktuelle Ergebnisse zur steuerungsintegrierten Korrektur thermisch bedingter Fehler im Arbeitsraum.* Messtechnik, Vorgehensweisen, Praxisbeispiele. Dresden : Techn. Univ. Dresden, Institut für Werkzeugmaschinen und Steuerungstechnik, Lehrstuhl für Werkzeugmaschinen, 2006

[GROß06b] Großmann, K.; Jungnickel, G.: Korrektur thermisch bedingter Verformungen an Werkzeugmaschinen mit strukturbasiertem Zustandsmodell. In: Großmann, Knut (Hrsg.): *Tagungsband zum 11. Dresdner Werkzeugmaschinen-Fachseminar : Aktuelle Ergebnisse zur steuerungsintegrierten Korrektur thermisch bedingter Fehler im Arbeitsraum.* Messtechnik, Vorgehensweisen, Praxisbeispiele. Dresden : Techn. Univ. Dresden, Institut für Werkzeugmaschinen und Steuerungstechnik, Lehrstuhl für Werkzeugmaschinen, 2006

[GROß06c] Großmann, K.; Kauschinger, B.; Rehn, S.: Umsetzung der strukturmodellbasierten thermischen Korrektur auf der Maschinensteuerung. In: Großmann, Knut (Hrsg.): *Tagungsband zum 11. Dresdner Werkzeugmaschinen-Fachseminar : Aktuelle Ergebnisse zur steuerungsintegrierten Korrektur thermisch bedingter Fehler im Arbeitsraum.* Messtechnik, Vorgehensweisen, Praxisbeispiele. Dresden : Techn. Univ. Dresden, Institut für Werkzeugmaschinen und Steuerungstechnik, Lehrstuhl für Werkzeugmaschinen, 2006

[GROß00] Großmann, K.: Thermische Problemstellungen bei Entwurf und Betrieb der Werkzeugmaschine. In: Großmann, Knut (Hrsg.): *Tagungsband zum 1. Dresdner Werkzeugmaschinen-Fachseminar : Thermik an Werkzeugmaschinen.* Dresden : Techn. Univ. Dresden, Institut für Werkzeugmaschinen und Steuerungstechnik, Lehrstuhl für Werkzeugmaschinen, 2000

[GROß99] Großmann, K.; Jungnickel, G.: *Genauigkeitssteigerung an Werkzeugmaschinen : Modellbasierte Kompensation thermisch bedingter Verlagerungen im Arbeitsraum.* In: *Zeitschrift für wirtschaftlichen Fabrikbetrieb* 94 (1999), Nr. 6, S. 320–323

[GROß01] Großmann, K.; Jungnickel, G.: Korrektur thermisch bedingter Fehler an Werkzeugmaschinen mit flexibler Arbeitsraum-Konfiguration. In: Neugebauer, Reimund (Hrsg.): *Offensivkonzepte wirtschaftlicher Produktionstechnik : 3. Chemnitzer Produktionstechnisches Kolloquium CPK 2001*. Zwickau : Verl. Wiss. Scripten, 2001 (Berichte aus dem IWU, 14). – ISBN 3-928921-71-1

[GROß02] Großmann, K.; Jungnickel, G.: *Structure Based Models for the Correction of Thermal Deformations of Machine Tools.* In: *Production Engineering Research and Development* 9 (2002), Nr. 2, S. 109–114

[GROß04] Großmann, K.; Jungnickel, G.: *Simulation and Assessment of the Thermal Behavior of Feed Axes with Ball Screw.* In: *Production engineering* 11 (2004), Nr. 1, S. 141–144

[GROß06d] Großmann, K.; Jungnickel, G.: *Prozessgerechte Bewertung des thermischen Verhaltens von Werkzeugmaschinen.* Dresden : Techn. Univ. Dresden, Institut für Werkzeugmaschinen und Steuerungstechnik, Lehrstuhl für Werkzeugmaschinen, 2006 (Lehre, Forschung, Praxis). – ISBN 3-86005-547-X

[GROß08] Großmann, K.; Jungnickel, G.: *Thermische Modellierung von Prozesseinflüssen an spanenden Werkzeugmaschinen.* Dresden : Techn. Univ. Dresden, Inst. für Werkzeugmaschinen und Steuerungstechnik, Lehrstuhl für Werkzeugmaschinen, 2008 (Schriftenreihe Lehre - Forschung - Praxis). – ISBN 978-3-86780-089-1

[GROß10a] Großmann, K.; Mühl, A.: *Reduktion strukturdynamischer und thermoelastischer FE-Modelle : Eine Diskussion am Beispiel Werkzeugmaschinen-Gestellbauteile.* In: *Zeitschrift für wirtschaftlichen Fabrikbetrieb* 105 (2010), Nr. 6, S. 594–599

[GROß10b] Großmann, K.; Rehn, S.: *Wärmestromsensoren zur Messung des Wärmeaustauschs von Werkzeugmaschinen und Umgebung.* In: *Zeitschrift für wirtschaftlichen Fabrikbetrieb* 105 (2010), 7-8, S. 660–665

[GROß11] Großmann, K.; Rehn, S.: *Thermische Simulation von Werkzeugmaschinen : Wärmestrommessung zur Berücksichtigung des Umgebungseinflusses.* In: *Zeitschrift für wirtschaftlichen Fabrikbetrieb* 106 (2011), Nr. 3, S. 249–254

[GUO10] Guo, Q.; Yang, J.; Wu, H.: *Application of ACO-BPN to thermal error modeling of NC machine tool.* In: *The International Journal of Advanced Manufacturing Technology* 50 (2010), Nr. 5, S. 667–675

[HAAS75] Haas, P. de: *Thermisches Verhalten von Werkzeugmaschinen unter besonderer Berücksichtigung von Kompensationsmöglichkeiten.* Dissertation. Berlin, TU Berlin. Dissertation. 1975

[HAAS78] Haas, P. de; Heisel, U.: *Kompensation thermischer Deformationen an Werkzeugmaschinen.* In: *Zeitschrift für wirtschaftliche Fertigung* 73 (1978), S. 555–560

[HAMI93] Hamilton, P.: *Künstliche neuronale Netze : Grundprinzipien, Hintergründe, Anwendungen.* Berlin : VDE-Verl., 1993. – ISBN 3-8007-1824-3

[HAO08] Hao, W. et al.: *Thermal error optimization modeling and real-time compensation on a CNC turning center.* In: *Journal of Materials Processing Technology* 207 (2008), Nr. 1-3, S. 172–179

[HATA93] Hatamura, Y. et al.: *Development of an Intelligent Machining Center Incorporating Active Compensation for Thermal Distortion.* In: *CIRP Annals - Manufacturing Technology* 42 (1993), Nr. 1, S. 549–552

[HEIS06] Heisel, U.; Koscsák, G.; Stehle, T.: *Thermography-Based Investigation into Thermally Induced Positioning Errors of Feed Drives By Example of a Ball Screw.* In: *CIRP Annals - Manufacturing Technology* 55 (2006), Nr. 1, S. 423–426

[HEIS96] Heisel, U.; Stehle, T.: *Ermittlung und Kompensation thermisch bedingter Deformationen an Werkzeugmaschinen und Industrierobotern.* In: *wt-Produktion und Management* 86 (1996), S. 171–175

[HEIS97] Heisel, U.; Stehle, T.: *Fuzzy-Logik zur Bestimmung des thermischen Verhaltens : Berechnung thermischer Verlagerungen an Werkzeugmaschinen und Möglichkeiten zur Kompensation Teil 2.* In: *Die Maschine* 51 (1997), 10-11, S. 52–56

[HEIS05] Heisel, U.; Stehle, T.; Koscsák, G.: *Thermisches Verhalten von Kugelgewindetrieben : Untersuchung eines Kugelgewindetriebs und Berechnung der Verlagerungsverteilung mittels Thermografie.* In: *wt Werkstattstechnik online* 95 (2005), Nr. 5, S. 320–325

[HEIS80] Heisel, U.: *Ausgleich thermischer Deformationen an Werkzeugmaschinen.* Dissertation TU Berlin. München : Hanser, 1980 (Produktionstechnik Berlin 10). – ISBN 3446130837

[HERB02] Herbst, U.: *Analyse und Kompensation thermoelastischer Verlagerungen.* Dissertation RWTH Aachen. Aachen : Shaker, 2002 (Berichte aus der Produktionstechnik 11). – ISBN 3-8322-0298-6

[HOFF89] Hoffmann, E.; Paluncic, Z.: *Verfahren zum Messen thermisch bedingter Dehnungen.* In: *Industrieanzeiger* 16 (1989), S. 34–35

[HORE10] Horejs, O. et al.: *Compensation of Machine Tool Thermal Errors Based on Transfer Function.* In: *MM Science Journal* (2010), March, S. 162–165

[HORE09] Horejs, O. et al.: *A Compensation Technique of Machine Tool Thermal Errors Built on Thermal Transfer Functions.* In: *Proceedings of International Conference on Leading Edge Manufacturing in 21st century : LEM21* 2009 (2009), Nr. 5, S. 197–202

[HORN09] Hornych, J.; Barta, P.; Mares, M.: Issues in Identification of the Thermal Transfer Functions of Machine Tools, Bd. 1. In: Brussel, Hendrik van (Hrsg.): *Proceedings of the 9th international conference of the European Society for Precision Engineering and Nanotechnology.* June 2nd - June 5th 2009, San Sebastian, Spain. Bedford : Euspen, 2009. – ISBN 9780955308260, S. 451–454

[HUAN95] Huang, S.-C.: *Analysis of a model to forecast thermal deformation of ball screw feed drive systems.* In: *International Journal of Machine Tools and Manufacture* 35 (1995), Nr. 8, S. 1099–1104

[HUAN09] Huanglin Zeng; Yong, S.; Haiyan, Z.: Thermal Error Compensation on Machine Tools Using Rough Set Artificial Neural Networks, Bd. 5. In: Burgin, Mark (Hrsg.): *WRI World Congress on Computer Science and Information Engineering, CSIE 2009.* March 31- April 2, 2009, Los Angeles, California, USA. Piscataway, NJ : IEEE, 2009. – ISBN 978-0-7695-3507-4, S. 51–55

[JANE89] Janeczko, J. T.: *Machine-tool thermal compensation.* In: *Tooling & Production* 55 (1989), Nr. 5, S. 60-61, 64-65

[JEDR85] Jędrzejewski, J.: *Kompensation thermischer Verlagerungen einer Drehmaschine.* In: *Werkstatt und Betrieb* 118 (1985), Nr. 2, S. 85–88

[JEDR07a] Jędrzejewski, J.; Modrzycki, W.: *Compensation of Thermal Displacements of High-Speed Precision Machine Tools.* In: *Journal of Machine Engineering* 7 (2007), Nr. 1, S. 108–114

[JEDR07b] Jędrzejewski, J. et al.: *Precise modeling of HSC machine tool thermal behaviour.* In: *Journal of Achievements in Materials and Manufacturing Engineering* 24 (2007), Nr. 1, S. 245–252

[JUNG00a] Jungnickel, G.: Simulation des instationären thermischen Verhaltens und deren Nutzung zur zustandsaktuellen Fehlerkorrektur an Werkzeugmaschinen mit flexibler Arbeitsraum-Konfiguration. In: Großmann, Knut (Hrsg.): *Tagungsband zum 1. Dresdner Werkzeugmaschinen-Fachseminar : Thermik an Werkzeugmaschinen.* Dresden : Techn. Univ. Dresden, Institut für Werkzeugmaschinen und Steuerungstechnik, Lehrstuhl für Werkzeugmaschinen, 2000

[JUNG00b] Jungnickel, G.: *Simulation des thermischen Verhaltens von Werkzeugmaschinen.* Dresden : Lehrstuhl für Werkzeugmaschinen Techn. Univ. Dresden, 2000 (Lehre, Forschung, Praxis Schriftenreihe des Lehrstuhls für Werkzeugmaschinen)

[JUNG07a] Jungnickel, G.: Prozessgerechte Bewertung des thermischen Verhaltens von Werkzeugmaschinen. In: Großmann, Knut (Hrsg.): *Tätigkeitsbericht des Lehrstuhls für Werkzeugmaschinen 2005/2006.* Neuerscheinung. Dresden : Eigenverlag IWM TU Dresden, 2007 (Lehre - Forschung - Praxis). – ISBN 3-86005-548-8, S. 138–140

[JUNG07b] Jungnickel, G.; Rehn, S.: Modellgestützte Kompensation von thermisch bedingten Verlagerungen in Echtzeitfähigkeit. In: Großmann, Knut (Hrsg.): *Tätigkeitsbericht des Lehrstuhls für Werkzeugmaschinen 2005/2006.* Neuerscheinung. Dresden : Eigenverlag IWM TU Dresden, 2007 (Lehre - Forschung - Praxis). – ISBN 3-86005-548-8, S. 147–149

[JUNG07c] Jungnickel, G.; Richter, A.: Korrektur thermischer Verformungen an einem Bearbeitungszentrum. In: Großmann, Knut (Hrsg.): *Tätigkeitsbericht des Lehrstuhls für Werkzeugmaschinen 2005/2006.* Neuerscheinung. Dresden : Eigenverlag IWM TU Dresden, 2007 (Lehre - Forschung - Praxis). – ISBN 3-86005-548-8, S. 150–152

[JUNY09] Junyong, X. et al.: *Research on thermal dynamics characteristics and modeling approach of ball screw.* In: *The International Journal of Advanced Manufacturing Technology* 43 (2009), Nr. 5, S. 421–430

[KANG06] Kang, Y. et al.: *Estimation of thermal deformation in machine tools using the hybrid autoregressive moving-average - neural network model.* In: *Proceedings of the Institution of Mechanical Engineers, Part B: Journal of Engineering Manufacture* 220 (2006), Nr. 8, S. 1317–1323

[KANG07] Kang, Y. et al.: *Modification of a neural network utilizing hybrid filters for the compensation of thermal deformation in machine tools.* In: *International Journal of Machine Tools and Manufacture* 47 (2007), Nr. 2, S. 376–387

[KIM04] Kim, K.-D.; Kim, M.-S.; Chung, S.-C.: *Real-time compensatory control of thermal errors for high-speed machine tools.* In: *Proceedings of the Institution of Mechanical Engineers, Part B: Journal of Engineering Manufacture* 218 (2004), Nr. 8, S. 913–924

[KIM03] Kim, K.-D.; Chung, S.-C.: Compensatory control of thermal errors for high-speed machine tools. In: *Proceedings of the eighteenth annual meeting : October 26 - 31, 2003, DoubleTree Jantzen Beach Hotel, Portland, Oregon.* Raleigh, NC : ASPE The American Society for Precision Engineering, 2003 (30). – ISBN 1887706321, S. 163–166

[KLEP08] Kleppmann, W.: *Taschenbuch Versuchsplanung : Produkte und Prozesse optimieren.* 5., überarb. Aufl. München : Hanser, 2008 (Praxisreihe Qualitätswissen). – ISBN 3446415955

[KNYA63] Knyazhitskii, I.: *Compensation for errors in jig-boring machines induced by heat deformation.* In: *Machines and Tooling* 34 (1963), Nr. 3, S. 5–8

[KO03] Ko, T. J.; Gim, T.-w.; Ha, J.-y.: *Particular behavior of spindle thermal deformation by thermal bending.* In: *International Journal of Machine Tools and Manufacture* 43 (2003), Nr. 1, S. 17–23

[KONV04] Konvicka, J. et al.: Simulation, experimental investigation and control of thermal behavior in modular tool systems. In: Radons, Günter; Neugebauer, R. (Hrsg.): *Nonlinear dynamics of production systems.* Weinheim : Wiley-VCH, 2004. – ISBN 3-527-40430-9, S. 265–285

[KOSC07] Koscsák, G.: *Ermittlung des instationären thermischen Verhaltens von Vorschubachsen mit Kugelgewindetrieb mit Hilfe der Verarbeitung thermografischer Messdaten.* Dissertation der Universität Stuttgart. Stuttgart : Institut für Werkzeugmaschinen (IfW) der Universität Stuttgart, 2007 (Berichte aus dem Institut für WerkzeugmaschinenKonstruktion und Fertigung 37). – ISBN 9783000236372

[KRUL98] Krulewich, D. A.: *Temperature integration model and measurement point selection for thermally induced machine tool errors.* In: *Mechatronics* 8 (1998), Nr. 4, S. 395–412

[KRUT01] Kruth, J. P.; Vanherck, P.; van den Bergh, C.: *Compensation of Static and Transient Thermal Errors on CMMs.* In: *CIRP Annals - Manufacturing Technology* 50 (2001), Nr. 1, S. 377–380

[KUSH05] Kushnir, E.: Thermal Compensation Algorithm for Machine Tool, Bd. 493. In: *Recent advances in solids and structures - 2005 : Presented at 2005 ASME International Mechanical Engineering Congress and Exposition, November 5 - 11, 2005, Orlando, Florida, USA.* New York, NY : ASME, 2005 (PVP, 493). – ISBN 0-7918-4228-2, S. 51–59

[LEE03] Lee, D. S.; Choi, J. Y.; Choi, D. H.: *ICA based thermal source extraction and thermal distortion compensation method for a machine tool.* In: *International Journal of Machine Tools and Manufacture* 43 (2003), Nr. 6, S. 589–597

[LEE01a] Lee, J.-H.; Lee, J.-H.; Yang, S.-H.: *Development of thermal error model with minimum number of variables using fuzzy logic strategy.* In: *Journal of Mechanical Science and Technology* 15 (2001), Nr. 11, S. 1482–1489

[LEE01b] Lee, J.-H.; Lee, J.-H.; Yang, S.-H.: *Thermal Error Modeling of a Horizontal Machining Center Using Fuzzy Logic Strategy.* In: *Journal of Manufacturing Processes* 3 (2001), Nr. 2, S. 120–127

[LEE02] Lee, J.-H.; Yang, S.-H.: *Statistical optimization and assessment of a thermal error model for CNC machine tools.* In: *International Journal of Machine Tools and Manufacture* 42 (2002), Nr. 1, S. 147–155

[LI09] Li, J. et al.: *Thermal-error modeling for complex physical systems: the-state-of-arts review.* In: *The International Journal of Advanced Manufacturing Technology* 42 (2009), Nr. 1, S. 168–179

[LI97] Li, S.; Zhang, Y.; Zhang, G.: *A study of pre-compensation for thermal errors of NC machine tools.* In: *International Journal of Machine Tools and Manufacture* 37 (1997), Nr. 12, S. 1715–1719

[LI08] Li, Y. et al.: *Optimization of measuring points for machine tool thermal error based on grey system theory.* In: *The International Journal of Advanced Manufacturing Technology* 35 (2008), Nr. 7, S. 745–750

[LIN07] Lin, Z.-C.; Chang, J.-S.: *The building of spindle thermal displacement model of high speed machine center.* In: *The International Journal of Advanced Manufacturing Technology* 34 (2007), Nr. 5, S. 556–566

[LO95] Lo, C.-H.; Yuan, J.; Ni, J.: *An application of real-time error compensation on a turning center.* In: *International Journal of Machine Tools and Manufacture* 35 (1995), Nr. 12, S. 1669–1682

[MARE10] Mares, M. et al.: Application of mechatronic approach to modeling, identification and control of machine tool thermal errors. In: Hangos, Katalin M. (Hrsg.): *Proceedings of the 29th IASTED International Conference on Modeling, Identification and Control : February 15 - 17, 2010, Innsbruck, Austria.* Anaheim, Calif. : Acta Press, 2010. – ISBN 978-0-88986-833-5, S. 284–290

[MAYR10] Mayr, J.: *Beurteilung und Kompensation des Temperaturgangs von Werkzeugmaschinen.* Eidgenöss. Techn. Hochsch., Diss.--Zürich, 2009. Als Ms. gedr. Düsseldorf : VDI-Verl., 2010 (Zürcher Schriften zur Produktionstechnik 673). – ISBN 978-3-18-367302-5

[MÖHR08] Möhring, H.-C.: *Reaktionsschnelle Instandsetzung von Formen mit einer transportablen hybridkinematischen Bearbeitungseinheit.* Dissertation Universität Hannover. Garbsen : PZH Produktionstechn. Zentrum, 2008 (Berichte aus dem IFW 11). – ISBN 978-3-941416-06-2

[MORI98] Moriwaki, T.; Shamoto, E.: *Analysis of Thermal Deformation of an Ultraprecision Air Spindle System.* In: *CIRP Annals - Manufacturing Technology* 47 (1998), Nr. 1, S. 315–319

[N.N.06] N.N.: *CNC Lathe Space Turn EX Series : LB2000 EX / LB2500 EX / LB3000 EX / LB4000 EX.* Aichi, Japan, Nov 2006(SPACE TURN EX Series-(1)-500)

[NEST92] Nestmann, S.: *Thermisches Verhalten von Werkzeugmaschinen: Erfassung und Kompensation.* In: *Fertigungstechnik und Betrieb* 42 (1992), Nr. 5, S. 214–217

[NEST06] Nestmann, S.: Mittel und Methoden zur Verbesserung des thermischen Verhaltens von Werkzeugmaschinen. In: Zäh, Michael; Reinhart, Gunther; Baudisch, T. (Hrsg.): *Mechatronik : Optimierungspotenzial der Werkzeugmaschine nutzen ; Garching, 21. Sept. 2006.* München : Utz, 2006 (Seminarberichte / IWB, Institut für Werkzeugmaschinen und Betriebswissenschaften, Technische Universität München, 83). – ISBN 3896750836, S. 3.1-3.29

[NI97] Ni, J.: *CNC Machine Accuracy Enhancement Through Real-Time Error Compensation.* In: *Journal of manufacturing science and engineering* 119 (1997), 4B, S. 717–725

[OKUS75] Okushima, K.; Kakino, Y.; Higashimoto, A.: *Compensation of Thermal Displacement by Coordinate System Correction.* In: *Annals of the CIRP* 24 (1975), Nr. 1, S. 327–331

[PAHK01] Pahk, H.; Lee, S.; Kwon, H.: *Thermal error measurement and modeling techniques for the five-degree-of-freedom spindle drifts in computer numerically controlled machine tools.* In: *Proceedings of the Institution of Mechanical Engineers, Part C: Journal of Mechanical Engineering Science* 215 (2001), Nr. 4, S. 469–485

[PAHK02] Pahk, H.; Lee, S. W.: *Thermal Error Measurement and Real Time Compensation System for the CNC Machine Tools Incorporating the Spindle Thermal Error and the Feed Axis Thermal Error.* In: *The International Journal of Advanced Manufacturing Technology* 20 (2002), Nr. 7, S. 487–494

[PALU90] Paluncic, Z.: *Minimierung thermisch bedingter axialer Spindelverformungen.* Techn. Univ., Diss.--Berlin, 1990. München : Hanser, 1990 (Produktionstechnik - Berlin 83). – ISBN 3446162046

[PASC84] Pascher, M.: *Kompensation thermisch bedingter Verlagerungen an Werkzeugmaschinen (Teil 1).* In: *Industrieanzeiger* 106 (1984), Nr. 75, S. 55–56

[PASC85] Pascher, M.: *Kompensation thermisch bedingter Verlagerungen an Werkzeugmaschinen (Teil 2).* In: *Industrieanzeiger* 107 (1985), 103-104, S. 34–35

[PETE01] Peters, J.: *Contribution of CIRP to the Development of Metrology and Surface Quality Evaluation during the last fifty years.* In: *CIRP Annals - Manufacturing Technology* 50 (2001), Nr. 2, S. 471–488

[POST98] Postlethwaite, S.; Allen, J.; Ford, D.: *The use of thermal imaging, temperature and distortion models for machine tool thermal error reduction.* In: *Proceedings of the Institution of Mechanical Engineers, Part B: Journal of Engineering Manufacture* 212 (1998), Nr. 8, S. 671–679

[POST99] Postlethwaite, S.; Allen, J.; Ford, D.: *Machine tool thermal error reduction—an appraisal.* In: *Proceedings of the Institution of Mechanical Engineers, Part B: Journal of Engineering Manufacture* 213 (1999), Nr. 1, S. 1–9

[QIAN11] Qianjian, G.; Jianguo, Y.: *Application of projection pursuit regression to thermal error modeling of a CNC machine tool.* In: *The International Journal of Advanced Manufacturing Technology* 55 (2011), Nr. 5, S. 623–629

[QING99] Qing, D. Y. et al.: *Linear Regression and Neural Net Models Applied to Thermal Error Compensation in Machine Tools.* In: *European journal of mechanical and environmental engineering* 44 (1999), Nr. 3, S. 146–152

[RALL98] Rall, K.; Findeklee, J.: *Kompensation axialer Spindelverlagerungen beim Hochgeschwindigkeitsfräsen.* In: *Zeitschrift für wirtschaftlichen Fabrikbetrieb* 93 (1998), Nr. 11, S. 558–561

[SCHÄ94] Schäfer, K. W.: *Steuerungstechnische Korrektur thermoelastischer Verformungen an Werkzeugmaschinen.* Dissertation RWTH Aachen. Aachen : Shaker, 1994 (Berichte aus der Produktionstechnik 1). – ISBN 3-86111-787-8

[SCHÄ96] Schäffner, C.: *Analyse und Synthese neuronaler Regelungsverfahren.* Techn. Univ., Diss.--München, 1996. München : Utz Verl. Wiss., 1996 (Elektrotechnik). – ISBN 3-931327-52-3

[SCHM90] Schmidt, J.; Minges, R.: *Thermische Verlagerungen an Werkzeugmaschinen : Teil 2: Messungen und mögliche Kompensation an einer 3achsigen NC-Fräsmaschine.* In: *wt Werkstattstechnik* 80 (1990), S. 577–580

[SCHR09] Schröder, D.: *Elektrische Antriebe - Regelung von Antriebssystemen.* 3., bearbeitete Aufl. Berlin, Heidelberg : Springer Berlin Heidelberg, 2009. – ISBN 3540896120

[SCHÜ88] Schüller, H.: *Steigerung der Einsatzmöglichkeiten des Messens auf Bearbeitungsmaschinen durch Verringerung der Messunsicherheit.* Dissertation RWTH Aachen. Aachen, 1988

[SIEB10] Siebertz, K.; van Bebber, D.; Hochkirchen, T.: *Statistische Versuchsplanung : Design of Experiments (DoE).* Heidelberg : Springer, 2010 (VDI-Buch). – ISBN 9783642054921

[SPUR88] Spur, G. et al.: *Thermal Behaviour Optimization of Machine Tools.* In: *CIRP Annals - Manufacturing Technology* 37 (1988), Nr. 1, S. 401–405

[SPUR86] Spur, G. et al.: *Eine Methode zum Ausgleich thermisch bedingter axialer Spindelverlagerungen an numerisch gesteuerten Werkzeugmaschinen.* In: *ZWF CIM Zeitschrift für wirtschaftliche Fertigung und Automatisierung* 81 (1986), Nr. 11, S. 645–651

[SRIN96a] Srinivasa, N.; Ziegert, J. C.; Mize, C. D.: *Spindle thermal drift measurement using the laser ball bar.* In: *Precision engineering* 18 (1996), Nr. 2-3, S. 118–128

[SRIN96b] Srinivasa, N.; Ziegert, J. C.: *Automated measurement and compensation of thermally induced error maps in machine tools.* In: *Precision engineering* 19 (1996), 2-3, S. 112–132

[STEH98] Stehle, T.: *Berechnung thermischer Verformungen und Verlagerungen an Werkzeugmaschinen und Möglichkeiten zur Kompensation.* Dissertation Universität Stuttgart. Tübingen : MVK Medien Verlag Köhler, 1998 (Berichte aus dem Institut für Werkzeugmaschinen 13). – ISBN 3-932694-22-8

[TAWI99] Tawil, M.: *Künstliche neuronale Netze - Methode und Anwendung.* In: *Mitteilungen aus dem Institut für Maschinenwesen der Technischen Universität Clausthal* (1999), Nr. 24, S. 69–72

[TSEN97] Tseng, P. C.: *A real-time thermal inaccuracy compensation method on a machining centre.* In: *The International Journal of Advanced Manufacturing Technology* 13 (1997), Nr. 3, S. 182–190

[TSEN02a] Tseng, P. C.; Ho, J. L.: *A Study of High-Precision CNC Lathe Thermal Errors and Compensation.* In: *The International Journal of Advanced Manufacturing Technology* 19 (2002), Nr. 11, S. 850–858

[TSEN02b] Tseng, P. C.; Chen, S. L.: *The Neural-fuzzy Thermal Error Compensation Controller on CNC Machining Center.* In: *JSME International Journal Series C Mechanical Systems, Machine Elements and Manufacturing* 45 (2002), Nr. 2, S. 470–478

[VANH97] Vanherck, P.; Dehaes, J.; Nuttin, M.: *Compensation of thermal deformations in machine tools with neural nets : Learning in Intellgent Manufacturing Systems.* In: *Computers in industry* 33 (1997), Nr. 1, S. 119–125

[VELD95] Veldhuis, S. C.; Elbestawi, M. A.: *A Strategy for the Compensation of Errors in Five-Axis Machining.* In: *CIRP Annals - Manufacturing Technology* 44 (1995), Nr. 1, S. 373–377

[VYRO10] Vyroubal, J.: *Using the Spindle Cooling Temperature as a Tool for Compensating the Thermal Deformation of Machines.* In: *Acta Polytechnica* 50 (2010), Nr. 1, S. 19–22

[WANG06] Wang, K. C.; Tseng, P. C.; Lin, K. M.: *Thermal Error Modeling of a Machining Center Using Grey System Theory and Adaptive Network-Based Fuzzy Inference System.* In: *JSME International Journal Series C Mechanical Systems, Machine Elements and Manufacturing* 49 (2006), Nr. 4, S. 1179–1187

[WANG98] Wang, Y. et al.: *Compensation for the thermal error of a multi-axis machining center.* In: *Journal of Materials Processing Technology* 75 (1998), 1-3, S. 45–53

[WECK86] Weck, M.; Eckstein, R.: *Hallenklima beeinflußt Arbeitsgenauigkeit.* In: *Industrieanzeiger* 108 (1986), Nr. 72, S. 56–58

[WECK95] Weck, M. et al.: *Reduction and Compensation of Thermal Errors in Machine Tools.* In: *CIRP Annals - Manufacturing Technology* 44 (1995), Nr. 2, S. 589–598

[WECK01] Weck, M.: *Werkzeugmaschinen Messtechnische Untersuchung und Beurteilung.* 6., neu bearb. Aufl. Berlin Heidelberg : Springer-Verlag Berlin Heidelberg, 2001 (Werkzeugmaschinen Fertigungssysteme 5). – ISBN 3-540-67615-5

[WESS04a] Wessel, N.: *Predicting thermal displacements in modular tool systems.* In: *Chaos* 14 (2004), Nr. 1, S. 23–29

[WESS04b] Wessel, N. et al.: *Modeling Thermal Displacements in Modular Tool Systems.* In: *International journal of bifurcation and chaos in applied sciences and engineering* 14 (2004), Nr. 6, S. 2125–2132

[WIEL74] Wiele, H.: *Beeinflussung der temperaturbedingten Abweichungen an Werkzeugmaschinen durch die Betriebsbedingungen.* In: *Maschinenbautechnik* 23 (1974), Nr. 6, S. 249–255

[WIEL89] Wiele, H.; Müller, W.: *Temperaturgeregelte Kompensationseinrichtung für Mehrspindeldrehautomaten.* In: *Maschinenbautechnik* 38 (1989), Nr. 11, S. 487–490

[WULF91] Wulfsberg, J. P.: *Diagnose und Kompensation thermischer Verlagerungen in Schleifmaschinen.* Dissertation Universität Hannover. Als Ms. gedr. Düsseldorf : VDI-Verl., 1991 (Berichte aus dem Institut für Fertigungstechnik und spanende Werkzeugmaschinen, Universität Hannover 260). – ISBN 3181460087

[YAN09] Yan, J.; Yang, J.: *Application of synthetic grey correlation theory on thermal point optimization for machine tool thermal error compensation.* In: *The International Journal of Advanced Manufacturing Technology* 43 (2009), Nr. 11, S. 1124–1132

[YANG03] Yang, H.; Ni, J.: *Dynamic Modeling for Machine Tool Thermal Error Compensation.* In: *Journal of manufacturing science and engineering* 125 (2003), Nr. 2, S. 245–254

[YANG05a] Yang, H.; Ni, J.: *Adaptive model estimation of machine-tool thermal errors based on recursive dynamic modeling strategy.* In: *International Journal of Machine Tools and Manufacture* 45 (2005), Nr. 1, S. 1–11

[YANG05b] Yang, H.; Ni, J.: *Dynamic neural network modeling for nonlinear, nonstationary machine tool thermally induced error.* In: *International Journal of Machine Tools and Manufacture* 45 (2005), Nr. 4-5, S. 455–465

[YANG02] Yang, J. G.; Ren, Y. Q.; Du, Z. C.: *An application of real-time error compensation on an NC twin-spindle lathe.* In: *Journal of Materials Processing Technology* 129 (2002), 1-3, S. 474–479

[YANG05c] Yang, J. G. et al.: *Testing, variable selecting and modeling of thermal errors on an INDEX-G200 turning center.* In: *The International Journal of Advanced Manufacturing Technology* 26 (2005), Nr. 7, S. 814–818

[YANG99] Yang, J.; Yuan, J.; Ni, J.: *Thermal error mode analysis and robust modeling for error compensation on a CNC turning center.* In: *International Journal of Machine Tools and Manufacture* 39 (1999), Nr. 9, S. 1367–1381

[YANG98] Yang, M.; Lee, J.: *Measurement and prediction of thermal errors of a CNC machining center using two spherical balls.* In: *Journal of Materials Processing Technology* 75 (1998), Nr. 1-3, S. 180–189

[YANG96] Yang, S.; Yuan, J.; Ni, J.: *The improvement of thermal error modeling and compensation on machine tools by CMAC neural network.* In: *International Journal of Machine Tools and Manufacture* 36 (1996), Nr. 4, S. 527–537

[YANG11] Yang, Z. et al.: *Modified Elman network for thermal deformation compensation modeling in machine tools.* In: *The International Journal of Advanced Manufacturing Technology* 54 (2011), Nr. 5, S. 669–676

[ZAKH98] Zakharian, S.; Ladewig-Riebler, P.; Thoer, S.: *Neuronale Netze für Ingenieure : Arbeits- und Übungsbuch für regelungstechnische Anwendungen.* Braunschweig : Vieweg, 1998 (Vieweg Ausbildung und Studium). – ISBN 3528055782

[ZELL96] Zell, A.: *Simulation neuronaler Netze.* 1., unveränd. Nachdr. Bonn : Addison-Wesley, 1996. – ISBN 3-89319-554-8

[ZHAN11] Zhang, H. et al.: *Measurement and compensation for volumetric positioning errors of CNC machine tools considering thermal effect.* In: *The International Journal of Advanced Manufacturing Technology* 55 (2011), Nr. 1, S. 275–283

[ZHU08a] Zhu, J.: *Robust Thermal Error Modeling and Compensation for CNC Machine Tools.* Dissertation. Michigan, The University of Michigan. Dissertation. 2008

[ZHU08b] Zhu, J.; Ni, J.; Shih, A. J.: *Robust Machine Tool Thermal Error Modeling Through Thermal Mode Concept.* In: *Journal of manufacturing science and engineering* 130 (2008), Nr. 6, S. 061006-1 - 061006-9

FSC
www.fsc.org
MIX
Papier | Fördert gute Waldnutzung
FSC® C083411

Kolibri 360 GmbH
Ferdinand-Jühlke-Straße 7
99095 Erfurt, Deutschland
produktsicherheit@kolibri360.de